4차 산업혁명
# 로봇 산업의 미래

# 4차 산업혁명
# 로봇 산업의 미래

크라운출판사
http://www.crownbook.com

## 이 책을 펴내며 ……

이 책은 4차 산업혁명과 인공지능 로봇 기술에 대한 이야기입니다. 4차 산업혁명이 중요한 이유는 현재 세상이 기술에 의해 혁명적으로 바뀌는 시섬이기 때문입니다. 지능이라는 것은 '똑똑해진다'와 동의어입니다. 이 책을 통해 인공지능, 즉 기계가 지능을 갖는 시대가 어떻게 우리의 삶과 세상을 바꿀지 함께 고민해보는 기회가 되기를 바랍니다.

어린 시절 어머니 손을 잡고 무작정 시장을 따라간 기억이 있습니다. 지금 생각해보면 시장판에서 사람 사는 세상을 본 것 같습니다. 일단 상인들과의 가격 흥정이 재미있었던 같습니다. 어떻게든 좀 더 깎아 보려는 어머니와 조금이라도 더 받으려는 상인들이 옥신각신하던 장면이 떠오릅니다. 가격 흥정이 잘 안 되면 냉정히 돌아서는 어머니, 뛰쳐나오며 치맛자락을 잡는 아주머니. 결국 물건은 원하는 가격으로 장바구니에 들어가지요.

전통시장은 시끄러워서 좋았습니다. 서로 떨이라고 소리치며 사람들의 관심을 끌고, 이번이 마지막 기회라고 읍소하기도 합니다. 어떤 사람은 춤을 추며 노래를 부르기도 하고, 사람들은 좌판에 펼친 상품 더미에서 좀 더 좋은 물건을 찾아보려고 서로 밀치며 경쟁하기도 합니다. 어쩌다 구미에 맞는 물건을 찾으면 요즘 말로 득템이지요.

이런 전통시장의 모습을 요즘은 쉽게 찾아보기 어렵습니다. 대형마트에서도 간혹 전통시장식 호객행위를 하긴 하지만, 어려서 보았던 세상 사는 사람들의 모습을 찾기란 쉽지 않습니다. 가격은 모두 정찰제이고, 원하는 물건의 위치는 재고 관리 시스템을 통해 알 수 있게 되었습니다.

계산대에 길게 늘어선 줄도 점차 사라질 것 같습니다. 온라인 쇼핑으로 내가 원하는 물건을 주문하면 다음 날 바로 집까지 배달해 주는 편리한 세상이 이미 실현되었기 때문입니다. 배달원과 어색하게 문 앞에서 카드 계산을 하는 일도 곧 자동 배달 로봇으로 대체될 것 같습니다. 게다가 아마존은 빅데이터 분석으로 고객 주문 패턴을 예측하여 상품 배송에 활용합니다. 소비자와 생산자가 로봇과 인공지능으로 직접 연결되는 자동화된 세상이 다가온 것입니다.

현재 수준에서 로봇은 아직 깡통입니다. 로봇을 분해해보면 모터, 감속기, 센서, 제어 보드와 컴퓨터로 나누어집니다. 아직 제대로 걷거나 보거나 말하지 못합니다. 그럼에도 불구하고 세상은 로봇 기술이 중요하고 국가의 경쟁력을 좌우한다고 말합니다. 실제로 미국, 유럽, 일본은 국가 차원에서 로봇 기술개발을 적극적으로 지원하고 있습니다. 중국도 대대적인 정부의 투자와 지원을 시작했습니다. 민간 기업에서는 아마존, 소프트뱅크, 도요타, LG전자, 네이버도 로봇 개발에 앞장서고 있습니다.
로봇은 지금까지 인간이 만든 기계 중 가장 인간과 유사하게 만들어졌으며, 태생적으로 기계의 DNA를 갖고 있습니다. 힘이 세고 지칠 줄 모르며 위험한 환경에 둔감합니다. 일정한 작업을 반복하는 공장에서 충분히 제 역할을 합니다. 전쟁터나 재난 현장과 같이 인간의 목숨이 달린 상황에서는 인간을 대신할 수 있습니다.

최근 인공지능 기술의 발전으로 이제 로봇에 인간의 DNA가 장착되기 시작했습니다. 그리고 인공지능과 로봇이 인간의 직업을 대체한다는 전망은 이미 일반화가 된 상황입니다. 햄버거 가게, 공항 체크인 카운터, 카페 등에서 사람을 대체하는 기계가 급속히 확산하고 있습니다. 가만히 보면 사람이 일터에서 하는 일 중 많은 부분은 기계로 대신할 수 있습니다. 봄날에 따뜻한 지방에서 개화가 시작하여 전국에 퍼지듯 인간의 작업 중 기계화가 가능한 부분부터 로봇화/자동화가 진행되는 것입니다.

## 이 책을 펴내며 ……

    결국 로봇은 시장 논리에 따라 인간과 경쟁하는 관계가 될 수 있습니다. 인간의 능력은 시간에 따라 큰 차이가 없으나 인건비는 지속적으로 오르고 있습니다. 로봇 기술은 하루가 다르게 발전하고 있으며 가격은 급속하게 낮아지고 있습니다. 이미 자동차 공장에서는 인간보다 경제적이며 지금은 전자 조립 공장에서 인간을 앞서기 시작했습니다.

    인간은 태어나서 직업인으로 성장하는 데 많은 시간과 비용이 소요됩니다. 로봇은 근본적으로 빠르고 쉽게 복제되므로 로봇이 인간을 대체하는 순간 걷잡을 수 없게 될 것입니다. 일부에서 로봇 윤리의 제정이나 로봇세 도입을 거론하는 것도 이러한 미래를 예상하기 때문일 것입니다.

    이러한 의미에서 로봇의 현주소를 알아보는 것은 매우 중요하고 의미가 있을 것입니다. 그러나 워낙 분야가 방대하다 보니 자칫 장님 코끼리 만지기 식이 될 수도 있습니다. 이에 유의하며 이 책에서는 4인의 저자가 각자 전문으로 하는 기술, 기업, 정책, 사회 전망 등으로 나누어 정리하여 보았습니다.

    1장은 로봇 시대의 서막을 알리며, 로봇이 어떻게 사회를 바꿀지 4차 산업혁명의 관점에서 살펴보았습니다. 제조업용 로봇에 머물고 있던 로봇이 점차 공장 밖으로 나오며 의료현장, 국방 안전, 재난 등 다양한 환경으로 진출하며 인류를 위해 전방위적 서비스를 제공하는 시대에 접어들고 있음을 사례를 통해 보여주고 있습니다. 또한 인공지능과 스마트제품에 접목되어 우리 일상생활에 도움을 주는 개인 서비스 시대도 주도하고 있습니다.

    이러한 로봇은 단순히 하나의 제품을 넘어, 4차 산업을 유발하는 초연결사회의 핵심적 역할을 하게 될 것입니다. 모든 사물과 공간 그리고 사람들이 로봇화된 네트워크를 통해 상호 유기적으로 연결되는 사회가 실현될 것입니다. 또한 초연결된 네트워크를 통해 인간이 로봇과 생활하며 수집된 정보는 다시 초공간 빅데이터로 연결되어 인공지능이 초고도로 발전되는 사회가 될 것입니다. 이렇게 발전된 인공지능은 이세돌을 이긴 알파고의 지능을 넘어, 의료현장에서 인공지능을 기반으로 한 진단 치료가 가능해지고, 어린 아이의 교육을 책임지는 초고도 지능교육으로 연결될 것입니다. 인공지능과 로봇이 만나면서 단순히 반복 작업에 머물던 로봇은 비로소 사람의 일을 온전하게 대신하는 똑똑한 로봇으로 거듭날 것입니다.

2장에서는 로봇 기술의 현주소를 보다 상세히 살펴보고 있습니다. 로봇 기술 수준과 발전 방향을 통해, 앞으로 로봇이 어떠한 모습으로 우리에게 다가올지 알아보았습니다. 기술 제품 동향뿐 아니라 해외 기술 및 국가 간 정책 현황을 통해 로봇 산업의 발전 방향도 살펴보고자 했습니다.

로봇 산업은 하나의 산업이 아닌 한 국가의 제조업 경쟁력을 결정짓는 모든 산업의 메타 기술입니다. 로봇 기술의 적용은 로봇 산업뿐 아니라 타 산업에도 파급되어 생산과 서비스를 혁신하며, 그 의미는 실로 막대합니다. 이러한 이유로 4차 산업혁명의 핵심 기술로 로봇을 꼽는 것입니다. 아직 산업 규모는 미미하지만 국가 경제에 미치는 영향이 매우 큰 것이 로봇 산업인 것입니다. 예를 들어, 제조업 로봇만으로도 전 세계에서 필요한 자동차, 반도체, 디스플레이 제품을 만들 수 있다는 점에서 로봇이 얼마나 제조 산업에 중요한 역할을 하는지 알 수 있습니다. 한마디로 세계 경제를 새로 그리는 것이 로봇 기술인 것입니다.

대표적인 IT 기업인 아마존의 예를 보아도 그렇습니다. 아마존은 2012년 키바 시스템이라는 물류 로봇을 도입하면서 물류 비용을 절감하는 것 이상으로 효과를 얻고 있습니다. 인공지능을 기반으로 하여 물류 동선을 최적화하고, 고객의 주문 패턴을 빅데이터로 분석하여 예측 배송 시스템을 도입하는 등 혁신적인 변화를 주

## 이 책을 펴내며 ……

도하고 있습니다. 즉, 아마존은 물류 로봇을 통해 산업의 주도권을 바꾸는 것을 넘어서 사회 전반에 걸친 혁신을 일으키고 있습니다.

3장에서는 글로벌 로봇 기업의 성공사례를 통해 성공하는 로봇 혁신 기업의 공통점을 찾고자 했습니다. 하나하나의 로봇 기업 성공사례가 모여 로봇을 중심으로 한 산업생태계가 형성되는 과정을 살펴볼 수 있습니다. 또한 혁신 기업의 사례를 통해 성공하는 기업들이 가야 할 방향을 제시해 보고자 합니다.

4장에서는 앞으로 인공지능과 로봇이 결합되며 세상이 어떻게 바뀔 것인지 상상해 보았습니다. 컴퓨터 기술과 데이터 분석 기술, 그리고 인공지능 기술이 합쳐지면서 펼쳐질 미래 세상이 우리에게 유토피아로 다가올지, 혹은 인간성을 상실하고 빈부의 격차가 심해지는 디스토피아가 될지 그 갈림길은 철저하게 우리의 로봇에 대한 인식과 판단에 달려있을 것입니다. 제조현장은 더욱 더 자동화되어 노동력은 모두 로봇으로 대체될 것입니다. 이렇게 되면 기업 구도도 재편되어, 세계 경제 질서는 데이터 자본주의로 완전히 뒤바뀔 것입니다. 이러한 미래 세상에서 살아남으려면 우리가 어떠한 방향으로 기술 투자와 정책 방향을 결정해야 할지 고민해야 합니다. 제조현장뿐만 아니라 가사노동, 국방, 교육, 의료, 보안 등 모든 분야에서 엄청난 변화가 일어날 것입니다.

끝으로 5장에서는 우리가 어떻게 로봇 시대를 대비해야 할 것인가 의문을 제기해 보았습니다. 전 세계가 로봇 기술과 인공지능 기술에 국가적으로 집중적으로 투자하고 있는 현장도 둘러보았습니다. 이미 로봇은 인간과 경쟁하며 공존하는 수준에 와 있습니다. 점차 고령화 시대로 접어들며 사회적 문제를 해결하는 기회도 로봇이 제공하게 될 것입니다.

끝으로 본 책이 나오기까지 응원과 격려를 아끼지 않으신 크라운출판사 임직원 및 로봇인 여러분께 감사 인사를 드리며, 또한 원고를 정리하고 편집하는 데 많은 시간을 함께 쏟으며 열정을 보여준 김민영 조교에게도 감사의 뜻을 전하고 싶습니다.

저자 일동

• 차 례 •

## 1장
## 로봇 시대의 서막

1. 로봇, 공장 밖으로 나오다     **014**
2. 로봇이 가져올 혁명적 변화     **022**
3. 로봇 시대에 고민해야 할 것들     **029**

## 2장
## 로봇 톺아보기

1. 로봇 산업은 무엇인가?     **035**
2. 로봇 성능     **041**
3. 로봇 기술, 어디까지 왔나?     **046**
4. 로봇 산업의 현주소     **066**
5. 우리의 경쟁국은 어떻게 움직이고 있나?     **087**

## 3장
# 글로벌 로봇 기업 사례

1. 제조용 로봇　　　　　　　　　　　　104
2. 서비스 로봇　　　　　　　　　　　　130
3. 의료용 로봇　　　　　　　　　　　　146
4. 물류/운송 로봇　　　　　　　　　　　162
5. 로봇플랫폼　　　　　　　　　　　　179

## 4장
# 인공지능 로봇이 바꿀 미래상

1. 산업은 어떻게 발전할 것인가　　　　　192
2. 사회는 어떻게 바뀔 것인가　　　　　　217
3. 어떻게 준비해야 하나　　　　　　　　221

## 5장
# 우리는 어떻게 대비해야 하나

1. IREX 2017을 다녀와서　　　　　　　228
2. 인간과 경쟁하며 공존하는 로봇　　　　233
3. 신기술은 어떤 환경을 필요로 하나　　　238
4. 맺으며…　　　　　　　　　　　　　249

# 1장
# 로봇 시대의 서막

# 1
# 로봇, 공장 밖으로 나오다

로봇이란 단어의 어원에서 이야기를 시작해보자. 로봇이라는 말은 체코슬로바키아의 극작가 카렐 차페크가 1920년에 발표한 희곡 「로썸의 유니버설 로봇(Rosuum's Universal Robots)」에서 처음 사용되었다.[1] 로봇(Robot)의 어원은 체코어로 강제노동을 의미하는 'Robota'라고 한다. 로봇에 대한 다양한 정의가 존재하지만 굳이 100년 전의 이야기를 끄집어낸 것은, 이제 로봇이 본격적으로 사람을 대신하여 일을 하기 시작했기 때문이다.

지금까지의 로봇은 줄곧 공장에서 사람이 작업하기에 단조로운 일들, 예를 들면 나사를 체결한다든가, 용접을 한다든가, 페인트를 뿌리는 등의 작업을 수행했다. 혹은 사람이 할 수 없는 일들, 예를 들면 무거운 자동차 차체나 부품들을 옮기고, 대형 디스플레이 제조에 필요한 유리판을 깨지지 않도록 이동시키고, 반도체 공정에서 수 마이크로미터 이내로 정밀하게 위치를 제어하는 작업 등을 수행해 왔다.

그러나 이제 로봇은 공장을 벗어나 집안에서 청소를 하고, 건물에서 경비를

---

1) https://en.wikipedia.org/wiki/Robot

서고, 상점에서 피자를 배달하고 있다. 한발 더 나아가 로봇이 사람처럼 위로의 말도 건네며, 심지어는 요리를 하는 시대가 되었다. 불과 몇 년 전까지만 해도 공장에서만 볼 수 있던 로봇이 어떻게 이런 일들을 할 수 있게 되었을까? 그리고 앞으로는 어떤 일들을 하게 될까? 이 변화의 중심에는 4차 산업혁명을 주도하는 인공지능 기술이 있다. 물론 인공지능 기술은 갑자기 생겨난 것이 아니다. 다양한 기술들과 융합하여 진화를 거듭하며 우리에게 다가오고 있는 것이다.

용접 로봇

디스플레이 유리 핸들링 로봇

〈전통적인 로봇의 예〉

공항 청소 로봇

〈새로 등장하기 시작한 로봇의 예〉

### 빅데이터라는 물을 만난 인공지능 기술

4차 산업혁명을 유발하는 요인으로 초연결(Hyper-connectivity)이라는 말이 있다.[2] 우리가 사용하는 스마트폰도 이에 포함된다고 볼 수 있다. 초연결은 세상의 모든 것들이 데이터화되고 연결되는 것이다. 여기에는 사람도 빠지지 않는다. 모든 사물과 공간, 그리고 사람들이 네트워크를 통해 연결되어 상호 유기적인 소통이 가능해진다. 이러한 초연결과 관련된 기술은 IoT, 클라우드, 빅데이터 등이다.

〈초연결의 개념도〉

초연결을 통해 수집된 정보는 인공지능 기술의 획기적인 발전을 가져오고 있다. 물론 인공지능이 데이터만으로 발전된 것은 아니다. 컴퓨터 게임을 위해 수학적 연산을 고속으로 수행하는 그래픽 카드가 마침 인공지능을 구현하기 위한 수학적 연산과 대량의 데이터를 고속으로 처리하게 된 것도 한몫했다. 신경망 학습을 위한 수학적 알고리즘의 발전도 빼놓을 수 없다. 인공신경망(Artificial Neural Network)[3]은 데이터 구조로서, 인간의 뇌에서 수억 개의 뉴런들이 서로 연결되

---

2) https://www.weforum.org/agenda/archive/hyperconnectivity/
3) https://en.wikipedia.org/wiki/Artificial_neural_network

어 있는 것에 착안하여 만들어진 인공 뉴런 모델링이다. 인공신경망은 이들을 병렬적으로 여러 층을 갖도록 설계하여 각 층의 뉴런들이 계층적으로 연결되도록 하였다. 여기서 각 뉴런은 각기 다른 강도(Weights)로 연결된다. 최근의 기계 학습(Machine Learning)은 뉴런들이 연결되는 층들이 수십, 수백 층에 이르는 심층신경망(Deep Neural Network)의 모델로 발전되고 있다.[4]

문제는 수백 층에 이르는 구조에서 각각의 연결 강도들을 어떻게 정할 것인가 하는 것이다. 이것이 바로 신경망 학습(Learning)이다.

과거에도 신경망(Neural Network)은 이론적으로 뇌의 구조와 유사하기 때문에 뉴런 간의 복잡하고 많은 연결이 있다면 사람과 같은 수준의 높은 지능을 기계적으로 구현할 수 있을 것으로 예상하였다. 그러나 당시에는 이를 학습시킬 데이터도 충분하지 않았고, 학습에 필요한 연산(각각의 연결 강도를 정하기 위하여 훈련 데이터를 이용하여 수학적으로 계산)을 고속으로 처리할 수 있는 컴퓨팅 파워도 부족했다. 그러나 최근 인터넷의 발전으로 학습할 데이터양이 풍부해지고 GPU 기반 연산 구조의 발전[5]에 따라 컴퓨팅 파워의 부족 문제가 해결되었다.

딥러닝이 가장 활발하게 발전하고 있는 분야는 영상 인식 분야이다. 특히 이미지넷(Image Net)[6] 영상 인식 기술 대회(ILSVRC)는 빅데이터를 처리하기 위한 딥러닝 신경망 모델과 알고리즘의 획기적 발전을 가져왔다.

---

4) 하원규 · 최남희(2015), 『제4차 산업혁명』, 콘텐츠하다, pp.95.; Lee, H.(2010), pp.5
5) 그림은 Nvidia사의 CUDA GPU 연산 구조를 보여준다.
6) http://www.image-net.org/

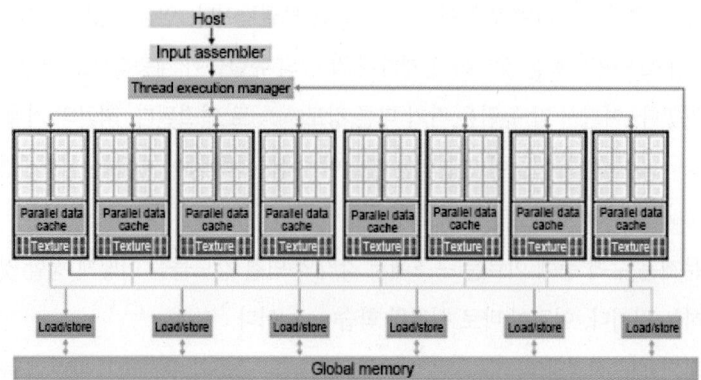

2015년 이미지넷 우승작인 마이크로소프트(MS)의 심층 레지듀얼 망(Deep Residual Network) 모델은 152개의 은닉층으로 구성되었으며, 사람을 능가하는 수준의 인식률(인식 오류 3.5%)을 보여주었다.[7]

2016년 3월에는 인공지능 역사에 한 획을 긋는 대회가 열렸다. 구글의 인공지능 회사인 딥마인드가 바둑을 둘 수 있는 인공지능 프로그램을 선보인 것이다. 이 프로그램은 인터넷을 통해 사람들과 겨루고 수많은 바둑 기보를 학습하였다. 그리고 마침내 최고의 바둑기사로 인정받고 있는 이세돌에게 도전한 것이다.

바둑은 경우의 수가 너무 많아 슈퍼컴퓨터라 하여도 실시간으로 최적의 수를 찾는 것은 거의 불가능하기 때문에 컴퓨터가 사람을 영원히 이기지 못할 것으로 여겨져 왔다. 대회 직전까지도 대부분의 바둑 전문가들은 이세돌이 5판 전승으로 쉽게 승리할 것으로 예상하였다. 그러나 알파고는 단 1게임만을 잃고 나머지 4게임을 모두 이겼다. 특히 알파고는 전문가들도 이해하기 어려운 수를 두는 등 기존의 바둑과는 전혀 다른 바둑을 두었다. 알파고는 바둑판을 이미지

---

[7] https://arxiv.org/abs/1512.03385

로 인식하여 자기가 승리할 확률이 높은 최적의 수를 실시간으로 계산해냈다. 특히 수십 수 이상 진행되어 경우의 수가 줄어들수록 알파고는 다음 수를 둘 위치를 더욱 빠르고 정확하게 계산하는 능력을 보여주었다.

인간이 바둑으로 인공지능에 패배한 사건의 충격은 실로 매우 컸다. 이때 이세돌이 거둔 1승이 인간이 알파고를 상대로 거둔 마지막 승리가 될지 모른다고 사람들은 두려워하였고 이는 곧 현실이 되었다.

알파고는 그 후 1년 동안 인간들과 수십 번의 대국을 두면서 한 번도 패배하지 않았다. 2016년의 알파고가 사람의 기보를 학습하였다면, 자기보다 나은 기보 데이터를 구할 수 없게 된 2017년의 알파고는 그들끼리 한 수많은 대국을 통해 바둑을 연마하였다. 그리고 2017년 현재 세계 최고수인 중국의 커제를 포함하여 한·중·일의 최고 수준 고수들을 상대로 60전 60승의 전승을 거두고 은퇴하였다.

이처럼 인공지능은 빅데이터와 고속 연산, 그리고 딥러닝 기술 덕분에 게임과 같은 특정한 분야에서는 인간보다 더 빠르고 정확하게 판단하는 것이 가능해졌다. 여기에 그치지 않고 물체 인식, 환경 인식, 감성 인식 등 전통적인 로봇 지능 분야에서도 파괴적(Disruptive) 혁신을 일으키고 있다.

## 깡통 로봇, 머리를 달다

로봇을 움직이기 위해 과거에는 프로그래밍 전문가가 각 동작별로 로봇이 움직일 좌표를 계산하고 경로를 수학적으로 모델링하여 입력하는 과정을 거쳐야 했다. 그러나 인공지능 기술을 이용하면, 작업자가 로봇의 손 부분을 붙잡고 경로로 작업물을 집게 하여 학습시켜 주면 된다. 아예 로봇에게 작업자가 작업하는 모습을 보여줌으로써 로봇이 할 일을 바로 터득하게 하는 것이 가능해졌다. 마치 선생님이 학생에게 동작을 가르쳐 주거나 학생들이 보는 앞에서 시연을 하는 것과 같다. 사실 인공지능과 로봇은 서로 뗄 수 없는 밀접한 관계를 갖는다. 인공지능이 머리의 역할을 하고 로봇이 팔다리의 역할을 할 때 비로소 주어진 작업을 온전하게 할 수 있는 것이다.

글로벌 IT 리서치 기업 가트너(Gartner)는 인공지능이 비즈니스 전략과 인력 고용에 미치는 영향을 고려할 때, 2022년에 이르면 인공지능을 탑재한 스마트머신과 로봇이 의료, 법률, IT 분야 등 고학력 전문직 업무를 대체할 수 있을 것으로 전망했다. 가트너는 2017년 7월에 발표한 'Hype Cycle for Emerging Technology 2017'에서 지능형 로봇 기술이 2016년 기술 촉발(Innovation Trigger) 단계에서 한 단계 더 진화해 기대의 정점(Peak of Inflated Expectation) 단계에 진입했다고 분석했다.[8] 2016년 이후 세계 IT 시장의 미래는 스마트머신이 주도하고 있으며 인공지능과 로봇 기술이 가장 기대되고 주목받는 기술이라고 평가한다.

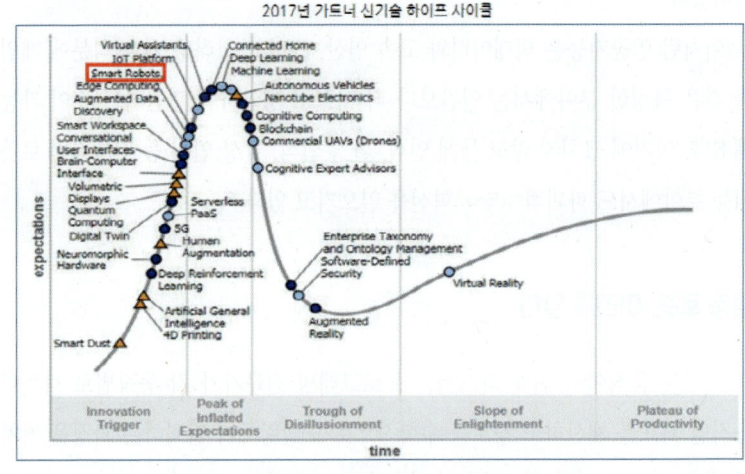

2017년 가트너 신기술 하이프 사이클

인공지능과 로봇의 결합은 단순히 높은 수준의 지능이 로봇에서 구현되는 것을 넘어, 로봇이 취득하여 디지털화한 데이터가 다시 초연결된 데이터 센터

---
8) http://www.irobotnews.com/news/articleView.html?idxno=11351

로 수집되고, 이를 기반으로 좀 더 고도화된 지적 능력은 다시 로봇에게 전파는 집단 학습이 이루어질 전망이다. 로봇이 가진 이동 능력, 작업 능력 그리고 인간에 대응하는 사회적 능력 등이 모두 실세계 데이터 수집에 사용될 것이다. 즉, 로봇은 인간을 대신하여 인공지능을 위한 정보수집자, 관찰자의 역할을 하게 되는 것이다. 이렇게 되면 인공지능의 능력은 지금껏 우리가 경험했던 수준보다 한층 더 발전하여 초인공지능이 국가 경제 전략, 기업 경영 전략, 국방 전략 등을 책임지게 될 날도 머지않을 것이다.

## 2 로봇이 가져올 혁명적 변화

　이와 같은 발전이 가져올 변화는 어디까지일까? 사실 현재 상황만을 가지고 미래의 변화를 예측하기는 쉽지 않은 일이다. 그러나 과거에 발생한 일련의 연쇄 효과를 분석해보면 쉽게 상상할 수 있다. 로봇과 산업적으로 비슷한 부분이 많은 자동차 산업을 예로 들고자 한다.
　자동차가 등장하기 전에는 마부가 끄는 말과 마차가 도로를 지배하고 있었다. 마차보다 느렸던 최초의 자동차는 비웃음을 살 정도였다. 더욱이 초기 자동차는 안전이나 도로적응력 등에 있어서 마차에 훨씬 못 미쳤다. 그러나 자동차는 결국 마차와 마부를 과거의 역사로 만들었다. 이 변화의 과정을 살펴보고자 한다.
　먼저 자동차를 위하여 도로 시스템이 정비되었다. 말과 마차의 시대보다 늘어난 교통량으로 인해 마차만 다니던 시대에 필요하지 않았던 교통 신호 체계가 도입되었다. 도로가 포장되기 시작하였으며, 사고에 대비하기 위한 보험 체계도 생겨났다. 마부와 마차 제작자는 사라지고, 운전자와 자동차 메이커가 새로 생겨났다. 마차로는 불가능했던 장거리 운행이 가능해지고 이동 속도가 빨라지면서 일일생활권의 범위가 확장되고 도시는 더 커져갔다. 미국은 1960년대 이후 자동차 보급 확대로 교외 도시의 탄생과 도시 공동화 현상, 쇼핑몰의 번성 등 사회 경제 전반이 완전히 바뀌었다. 자동차 산업의 발전은 경제성장도 유발하였다. 자동차는 수만 개의 부품이 모여서 완성되는 기계 산업의 핵심이 되어, 수많은 인력의 고용이 증가하고 부가가치의 생산이 이루어졌다. 이는 국가의 경제성장과 직결될 정도로 큰 경제적 파급 효과를 가져왔다.

## 로봇은 파괴자인가, 도우미인가?

로봇이 우리 생활 속에서 흔하게 사용된다면 환경은 어떻게 변화하게 될까? 로봇은 사람과 달리 주로 회전식 모터를 사용하기 때문에 사람처럼 보행하는 것보다는 바퀴로 이동하는 것이 쉽다. 지금도 우리는 장애인들을 위해 문턱을 없애고 경사로를 만드는 등의 일을 하고 있는데 로봇이 보편화되는 시대가 되면 대부분의 도로 환경이 이처럼 변화할 것이다. 로봇의 환경 인식 능력이 발전하고 있지만, 아직도 복잡한 환경을 인식하기 위해서는 센싱과 연산에 고비용이 소요된다. 반대로 환경을 로봇이 인식하기 쉽게 만들면, 아주 저렴한 기술로도 쉽게 로봇이 환경을 인식할 수 있게 된다. 마치 시각장애인을 위하여 신호등 주위에 점자 블록과 음성 안내 장치가 설치되듯 앞으로는 도로와 건물 내 곳곳에 로봇이 인식하기 쉬운 인공 표식이 부착될 것이다. 물론 초기에는 새로 지어지는 아파트, 공공건물 등을 중심으로 이러한 인프라가 보급될 것이다.

로봇은 사회적 인프라도 변화시킬 것이다. 한정된 영역이지만 사람 수준에 근접한 지능 로봇이 우리 일상생활로 들어오게 되면 로봇이 유발하는 사고도 늘어날 것이고 이로 인하여 보험과 법·제도가 생겨날 것이다. 로봇과 사람의 이해관계가 상충하면서 발생하는 각종 윤리적 문제도 피할 수 없을 것이다.

예를 들어 최근 자율주행차가 등장하면서 대두되는 문제로, 자동차가 완전히 멈추기 늦은 상황에서 선택할 수 있는 두 갈래 길 중 한쪽에는 여러 사람이 있고 나머지 길에는 한 명의 사람이 있을 때 어떤 길을 선택할 것인가와 같은 상황이 그것이다.

로봇이 가져올 변화는 이처럼 사회 전반에 걸쳐있다. 물론 이런 변화는 당장 체감할 수 있을 만큼 빨리 진행되기보다 점진적으로 사회적 공감대를 형성하면서 진행될 것이다.

### 로봇, 인공지능과 함께 직업을 변화시키다

당장 우리가 체감할 수 있는 변화도 있다. 로봇을 첫 번째로 도입하는 이유가 노동력 대체에 있는 만큼 직업의 변화가 가장 먼저 다가올 것이다. 직업의 변화는 긍정적인 부분도 있겠지만 우려의 목소리도 크다. 기존 직업을 가진 사람들에게 가혹한 적응을 요구하기 때문이다. 이러한 우려는 4차 산업혁명[9]과 함께 이미 현실화되고 있다. 4차 산업혁명은 진행 중이므로 아직 정확한 정의와 변화의 결과를 예측하기 어렵지만, 공통적으로 예상하는 것은 자동화와의 연결성이 극대화되면서 일자리가 더욱 감소할 것이라는 점이다. 극단적인 자동화는 작업의 폭을 크게 넓혀 저급 수준의 기술자뿐 아니라 중급 수준의 숙련된 기술자들에게도 영향을 미칠 것이다. 특히 인공지능(AI)이 적용된 자동화의 최전선에서는 문서와 이미지로 이루어진 빅데이터의 분석 · 처리 등 인간만이 할 수 있다고 여겼던 업무도 상당 부분 로봇으로 대체될 것으로 전망된다.

---

9) 4차 산업혁명이라는 용어가 공식적으로 처음 등장한 2016년 1월 스위스 다보스 포럼에서 4차 산업혁명의 정의와 함께 논의된 것이 바로 미래고용 대책이다.

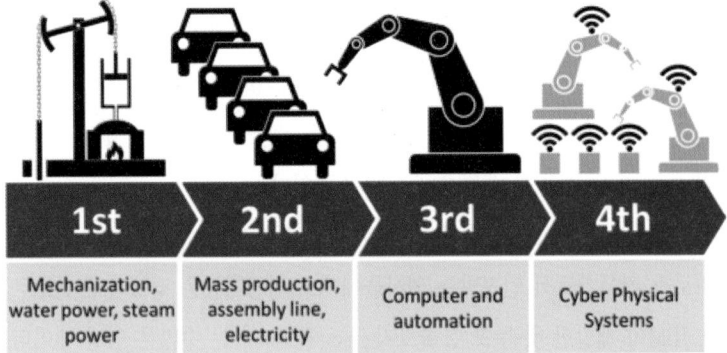

〈산업혁명〉

  이렇듯 변화는 생산성의 향상과 육체노동으로부터의 해방 등 긍정적인 측면도 있지만 우려되는 부분도 많은 것이다. 세계 경제 포럼의 미래고용보고서[10]는 4차 산업혁명이 일자리에 미칠 영향을 더욱 충격적으로 묘사하고 있다. 향후 5년간 선진국 및 신흥 시장 15개국에서 일자리 710만 개가 사라질 것이며 특히 반복적인 업무를 수행하는 사무직 476만 개가 곧 없어질 것으로 전망하고 있다. 4차 산업혁명을 통해 창출될 것으로 전망되는 일자리는 200만 개에 불과하기 때문에 적어도 500만 개의 일자리는 그냥 사라진다고 본다. 문제는 이러한 일자리 감소가 일시적인 현상이 아니라 점진적으로 그 폭이 확대될 것이라는 데 있다. 인공지능과 로봇 기술의 발전에 따라 단순 반복 노동뿐 아니라 상당한 숙련이 필요한 전문적인 업무의 영역들도 위협받게 될 것이다.

  사라질 것으로 예상하는 분야를 조금 더 구체적으로 살펴보자. 화이트칼라 사무직(476만 개)이 전체의 대부분인 67%를 차지하고, 제조업(161만 개)이 22.6%를 차지하며 뒤를 이었다. 거기에 건설·채광 분야(50만 개)가 7%, 미술·디자인·엔터테

---

10) http://www3.weforum.org/docs/WEF_Future_of_Jobs.pdf

인먼트 · 스포츠 · 미디어 등의 분야(약 15만 개)가 약 2.1%, 법률 분야(11만 개)가 1.5%로 뒤를 따랐다. 반대로 새로 고용 창출될 200만 개의 일자리 분야를 살펴보면 경영 · 재무 운영 분야(49만 개)가 약 25%, 관리 · 감독 분야(41.6만 개)가 약 21%, 컴퓨터 · 수학 분야(약 41만 개)가 약 20%, 건축 · 엔지니어 분야(34만 개)가 17%, 영업 관련 분야(30만 개)가 15%, 교육 관련 분야(6.6만 개)가 3.3% 순이었다.

전문직이라고 해서 안심할 수는 없다. 대학을 포함하여 10년 이상 공부해야만 비로소 전문가로서 인정받는 의사들에게도 인공지능은 경쟁자로 떠오르고 있다. IBM이 개발한 왓슨 포 온콜로지(Watson for Oncology)[11]는 수많은 임상 데이터를 학습하여, 환자의 상태에 대한 정보를 입력하면 최적의 암 치료 방법을 제시하는 수준에 이르렀다. 이미 전문의들도 왓슨이 제시한 의견을 무시할 수 없을 정도로 판단의 정확도가 높다고 한다. 변호사들도 마찬가지이다. 미국 뉴욕의 대형 로펌 베이커 앤드 호스테틀러는 2016년 세계 최초로 로스(Ross)라는 인공지능 법률 도우미를 채택하여 실제 업무에 활용하고 있다. 로스 역시 Watson을 기반으로 만들어졌으며, 엄청난 분량의 판례를 읽고 정리할 뿐만 아니라 자료의 의미를 분석하는 수준에 이르렀다.

---

11) https://www.youtube.com/watch?v=hbqDknMc_Bo

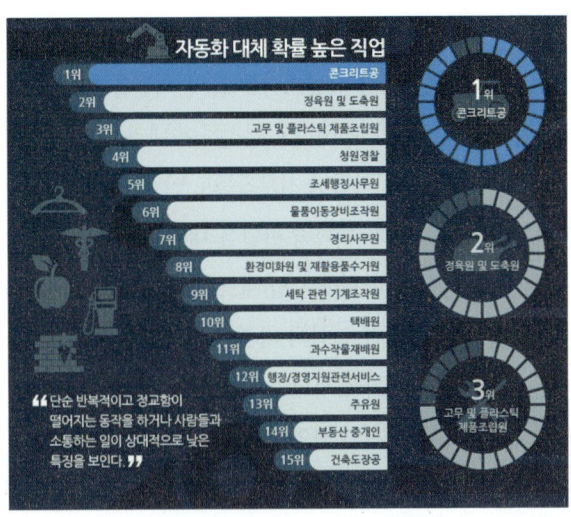

〈자동화로 직무가 대체될 확률이 높은 직업〉

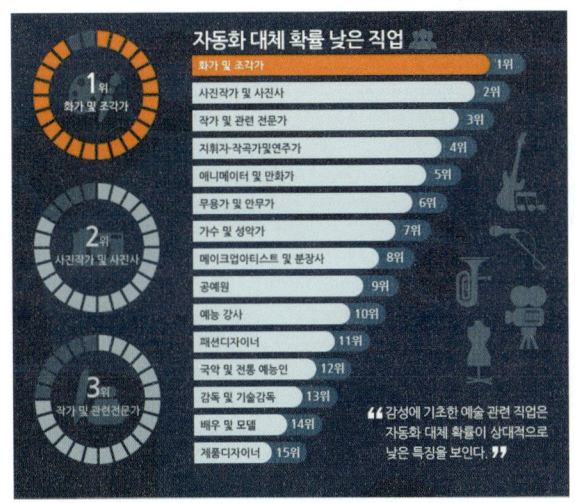

〈자동화로 직무가 대체될 확률이 낮은 직업〉
(출처 : 자동화에 따른 직무별 대체 확률, 한국고용정보원, 2016)

물론 인공지능이 당장 의사나 변호사 같은 전문 직업을 위협하는 수준에 도달한 것은 아니다. 지금은 의사나 변호사를 도와 의견을 내는 수준에 머무르고 있다. 하지만 방대한 자료를 검색하고 분석하여 내리는 판단 능력이 인간들을 뛰어넘는 수준에 이르기 시작하면 전문직들도 안심할 수 없는 상황이 될 것이다. 물론 의사가 아닌 기계가 의학적 판단을 내릴 수 없고 법조인이 아닌 기계가 법률적 서비스를 할 수 없게 하는 법 제도로 인해 전문직 일자리는 당분간 유지될 수 있을 것이다. 하지만 인식이 바뀌어 인공지능 기계 또는 로봇이 더 믿을 만하다는 사회적 공감대가 형성되면 상황은 급변할지도 모른다.

이처럼 4차 산업혁명은 이전의 산업혁명들이 가져왔던 변화처럼 우리 사회의 구조를 혁명에 가까운 수준으로 송두리째 바꾸어 놓을 것이다. 그리고 그 변화의 중심에는 인공지능과 로봇이 있다.

# 3
# 로봇 시대에 우리가 고민해야 할 것들

우리나라는 2008년 세계 최초로 로봇 특별법을 제정한 바 있다. 이 법의 골자는 로봇 개발과 보급 촉진이지만, 로봇 윤리 헌장에 관한 내용도 포함되어 있다. 앞에서 언급했던 다양한 이해관계에 대해 로봇이 가져야 할 윤리적 규범을 만들고자 한 것이다. 2017년 1월, EU 의회에서도 인공지능 로봇에 대해 같은 고민을 담은 선언이 있었다. 로봇의 법적 지위를 '전자인간'으로 규정하고 이를 위해 로봇 시민법을 만든다는 것이다. 재미있는 것은 여기에 1942년 아이작 아시모프가 소설 「런어라운드(Runaround)」에서 밝힌 로봇 3원칙[12]을 담았다. 아시모프의 로봇 3원칙은 다음과 같다.

　법칙 1. 로봇은 행동을 하거나, 혹은 행동을 하지 않음으로써 인간에게 해가 가도록 해서는 안 된다.

　법칙 2. 로봇은 인간이 내리는 명령들에 복종해야만 하며, 단 이러한 명령들이 첫 번째 법칙에 위배될 때에는 예외로 한다.

---

12) https://en.wikipedia.org/wiki/Three_Laws_of_Robotics

법칙 3. 로봇은 자신의 존재를 보호해야만 하며, 단 그러한 보호가 첫 번째와 두 번째 법칙에 위배될 때에는 예외로 한다.

아시모프의 로봇 3원칙은 원작소설뿐만 아니라 이후에 나온 많은 공상 소설, SF 영화 등에서 로봇이 지켜야 할 기본 원칙으로 채택되어 왔다. 로봇 3원칙은 지금까지 특별한 문제점이 제기된 적이 없을 정도로 잘 만들어진 원칙이다. 그러나 이 원칙은 로봇이 지켜야 할 최소한의 규범만 규정하고 있다. 실제로 로봇이 인간사회에서 현실적으로 활동하기 위해서는 상황별로 좀 더 세세한 규칙과 변화가 필요하다. 인간관계에서 다양한 법과 제도가 있음에도 명확하지 않은 부분에서 갈등이나 분쟁이 존재하는 것처럼 로봇과 로봇, 로봇과 인간의 관계도 마찬가지일 것이다. 어떻게 보면 인류역사상 최초로 인간이 아니면서도 인간 수준에 근접한 지능체가 등장하는 시대를 대비하여 미리 고민해봐야 할 문제이다. 이러한 시대에는 로봇에게 시민권을 주어야 하느냐도 주요 이슈가 될 것이다. 인간의 62가지 감정을 얼굴로 표현할 수 있고 실시간으로 인간과 대화할 수 있다고 알려진 '소피아' 로봇은 2017년 사우디아라비아에서 열린 '미래 투자 이니셔티브'에서 사우디아라비아로부터 세계 최초로 시민권을 획득한 바 있다.[13]

또 다른 이슈는 로봇세 도입 문제이다. 로봇과 인공지능이 사람들의 일자리를 대체할 것이 확실시되면서, 로봇의 사용에 세금을 부과하여 일자리를 잃은 사람들에게 기본소득으로 나눠주자는 취지의 로봇세가 몇몇 나라에서 검토되고 있다. 로봇세에 대한 논의는 2016년 유럽의회에서 최초 법안이 발의되면서 시작되었으나 로봇 기술의 발전 저해 및 기업부담 증가에 대한 우려로 바로 채택되지는 못하였다. 이러한 이슈를 최근 다시 수면 위로 끌어올린 사람이 마이

---

13) http://www.civicnews.com/news/articleView.html?idxno=11449

크로소프트웨어의 창립자 빌 게이츠(Bill Gates)이다.[14] 그는 "인간이 5만 달러어치의 일을 하면 그 수입에 세금을 부과하여 돈이 정부로 유입되지만 로봇은 일을 해도 세금을 지불하지 않는다.", "로봇에 세금을 부과해 세수 부족을 보충하면서 동시에 자동화의 확산을 늦춤으로써 로봇으로 인해 발생하는 일자리 감소와 사회적 문제를 상쇄할 방법을 찾을 시간을 벌어야 한다."고 주장했다. 현재까지 EU의 공식적인 입장은 로봇세 찬성 측과 반대 측의 입장이 논리 면에서 팽팽하여 아직 유보되고 있다. 사회적 동의가 형성되기까지는 좀 더 시간이 걸릴 것으로 예상한다. 그럼에도 불구하고 로봇의 도입과 일자리 감소로 유발되는 소득 감소 현상에 대해 진지한 사회적 고민이 필요한 때이다.

---

14) http://www.greened.kr/news/articleView.html?idxno=29047

## 2장
# 로봇 톺아보기

앞 장이 로봇과 인공지능이 앞으로의 우리 생활에 가져올 변화에 대한 맛보기라면, 이번 장에서는 로봇 기술에 대해 좀 더 자세히 다뤄본다.

영화에 나오는 로봇은 일반인의 기대감과 실제 로봇의 차이를 극명하게 보여준다. 이 차이를 알기 위해서는 지금의 현실석인 로봇 기술에 내해 알아볼 필요가 있다.

로봇은 사람의 일을 대신하기 위해 만들어지기 때문에 사람과 유사한 기능이 요구되는 부분이 많다. 사람들은 매일 학교나 직장에 가서 펜이나 도구를 사용하여 일을 하고, 처음 가는 곳이라고 해도 약도만 들고 찾아갈 수 있다. 문제는 사람에게 어렵지 않은 일들이 로봇과 같은 기계에는 어려운 경우가 대부분이라는 점이다. 이를 극복하려면 다양한 기술이 요구된다. 어딘가를 찾아가기 위해 자기의 위치와 목적지의 위치를 인지하고 복잡한 환경에 존재하는 다양한 장애물을 피하는 이동지능 기술, 사무실이나 공장 등 일터에서 물건을 다루고 옮기는 조작지능 기술, 그리고 작업자의 명령을 이해하고 반응할 수 있는 인간-로봇 상호작용 기술 등이 그것이다. 물론 이러한 기술들과 함께 로봇을 물리적으로 구성하는 모터나 센서와 부품 기술도 필요하다.

이처럼 다양한 기술로 이루어진 로봇의 활용 분야는 실로 다양하다. 가장 먼저 로봇이 도입된 제조 분야부터, 수술 보조, 빌딩 청소, 호텔 접객, 물류 배송 보조, 심지어 고령자 케어까지 실로 무궁무진하다.

본 장에서는 날로 발전하는 로봇 기술과 점차 다양해지는 로봇 활용 분야에 대해 알아보고 해외 기술 동향 및 제품 동향, 국가 간 정책 현황을 통해 현재 로봇 기술 및 산업의 현주소를 살펴본다.

# 1 로봇 산업은 무엇인가?

### 로봇은 새로운 프로세스를 창출하는 메타 기술

　로봇은 그 어원 자체가 사람을 대신하여 일을 하는 대리자의 개념이다. 때문에 인간이 일을 하는 모든 분야에 적용될 수 있는, 말 그대로 적용 분야에 제한이 없는 기술이자 산업이다. 로봇 기술은 사람이 하던 다양한 일들을 대신하여 새로운 작업 프로세스를 창출하는 기술이다. 이런 기술을 메타(Meta) 기술 또는 기술을 만드는 기술이라고 한다. 로봇 기술은 로봇 산업 자체에서도 의미가 있겠지만, 사실은 타 산업에 파급되어 생산과 서비스를 혁신하는 기술로도 그 의미가 크다. 이러한 이유로 4차 산업혁명의 핵심 기술 중 하나로 로봇을 꼽는 것이다.

　좀 더 자세히 로봇 산업을 들여다 보자. 로봇 시장의 분류는 크게 제조용 로봇과 서비스용 로봇으로 구분되며, 서비스용은 B2C 형태로 개인에게 서비스를 제공하는 개인 서비스 로봇과 B2B 형태로 기관이나 기업에 서비스를 제공하는 전문 서비스 로봇으로 나뉜다.[15] 2015년 기준으로 세계 로봇 시장은 179억 불 규모이며, 가장 큰 시장을 차지하는 제조용 로봇이 111억 불(62%), 전문 서비스용 로봇이 46억 불(26%), 개인 서비스용 로봇이 22억 불(12%) 규모를 차지했다. 2016년의 스마트폰 시장이 약 4천억 불, 자동차 시장이 2조 불 이상인 것에 비하면 상대적으로 매우 작은 시장이다. 그러나 로봇 산업은 마치 자동차가 마차를 대신하며 2차 산업혁명 시대를 열었던 것처럼 4차 산업혁명 시대를 맞이하여 본격적인 성장을 시작할 것으로 보인다.

## 산업 규모는 작지만 국가 경제 기여도는 큰 로봇 산업

이렇듯 로봇 시장 규모가 미미한데도 불구하고 국가적으로 왜 로봇 산업이 중요하다는 것일까? 지금까지의 로봇은 전반적으로 소비재라기보다는 자본재에 가까웠다. 주로 공장에서 다른 제품을 생산하는 자동차 설비로 사용되어 온 것이다. 스마트폰과 자동차가 소비재임을 고려하면 이들 시장과 직접 비교하는 것은 올바르지 않다. 소비재와 달리 로봇은 한번 도입하면 수년 이상 일정 수준의 유지보수만으로 장기간 사용이 가능하고, 추가적인 운용 비용이 그다지 많이 들지 않는다. 이러한 이유로 자동차, 반도체, 디스플레이 제조공정에서 로봇이 많이 사용되고 있음에도 불구하고 로봇의 자체 시장 규모는 상대적으로 작은 것이다. 그러나 로봇이 제조공정에서 유발하는 경제 효과까지 고려하면, 로봇은 제조 산업에서 중요한 역할을 하고 있다. 역설적으로 생각하면 작은 시장 규모[16](국내 치킨 시장의 2.5배 수준에 불과한)를 가진 제조용 로봇이 전 세계에서 필요한 자동차, 반도체, 디스플레이를 제조하는 핵심 장비라는 점에서 로봇이 얼마나 제조 산

---

[15] 유럽의 유엔경제국(United Nations Economic Commission for Europe; UNECE)과 국제 로봇 연맹(International Federation of Robotics; IFR)에서 정의하여 ISO에 반영된 로봇과 서비스 로봇의 정의 참조
[16] 2016년의 제조용 로봇 산업 규모는 131억 불(IFR 2017), 2017년 국내 치킨 시장 규모는 5조 원이다(http://sbscnbc.sbs.co.kr/read.jsp?pmArticleId=10000859657).

업에 중요한 존재인지 알 수 있다.

더욱이 기술이 발전하고 로봇의 수요가 늘어감에 따라 로봇의 가격은 매년 하락하고 있다. 예를 들어 컨베이어에서 흘러들어 오는 수 킬로그램 이내 소형 물품들을 박스에 담는 작업을 하는 포장 로봇의 가격은 대당 1만 불 수준으로 떨어지고 있다. 물론 로봇 시스템을 구성하는 부대시설 비용까지 고려하면 이보다 3~4배의 비용이 들어간다. 하지만 한번 설치하고 전기만 공급하면 사람 한 명분의 일을 충분히 할 수 있는 일꾼이 불과 1년 연봉 수준의 비용으로 설치되고 수년간 사용될 수 있다면 충분히 경제성이 있는 것이다.

다음 그림은 2014년 로봇 가격 전망[17]이며 실제 로봇 가격이 더 빨리 하락하고 있는 것을 보여주고 있다. 이러한 로봇 가격의 하락은 로봇 활용 기술의 발전과 더불어 로봇의 적용 분야를 급격히 확대하는 기폭제가 되고 있다.

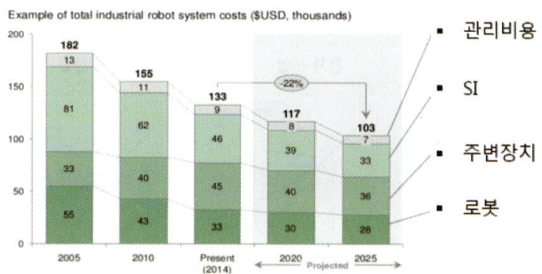

생산공장에서 사용되는 제조용 로봇은 주로 자동차, 반도체, 디스플레이 제조공정과 같이 자동화를 위해 높은 비용을 지불할 수 있는 분야에서 사용되어 왔으며, 아직 제조용 로봇 보급률은 전체 제조공정의 10% 수준에 머무르고 있다. 그러나 로봇 가격의 하락은 낮은 인건비로 수작업으로 조립을 수행하던 전

---

17) How a Takeoff in Advanced Robotics Will Power the Next Productivity Surge, The Boston Consulting Group, 2015

자 산업으로 로봇의 활용을 확대하고 있다. 아이폰 조립 업체로 유명한 팍스콘은 2015년 자사의 생산인력 130만 명을 단계적으로 로봇으로 대체하는 계획을 발표한 바 있다. 2017년 초에 이미 4만여 대의 로봇을 조립라인에 투입하였으며, 앞으로도 매년 1만 대 이상의 로봇을 추가로 투입할 예정이라고 한다. 이처럼 인건비가 상대적으로 저렴한 중국조차도 인력을 대체하기 위하여 로봇 도입을 추진하는 등, 제조용 로봇의 활용 분야가 날로 확대되고 있다.

주로 산업 분야의 시장 분석과 전망을 전문적으로 하는 보스턴컨설팅 그룹은 이와 같은 추세에 근거하여 2025년까지 전체 제조공정의 25%가 로봇으로 자동화될 것이며, 로봇 도입을 통한 인건비 절감률은 18%에 이르고, 생산성 향상은 30%에 달할 것으로 전망하고 있다. 또한 2020년대 후반에 이르면 전자 산업을 필두로 가구 산업 등 다양한 산업으로 로봇 도입이 확대되어 결국 전 산업이 로봇으로 완전 자동화될 것으로 예측하였다. 다음 그림은 이러한 전망에 근거한 미국의 산업별 로봇 도입 예상 추이를 보여준다.

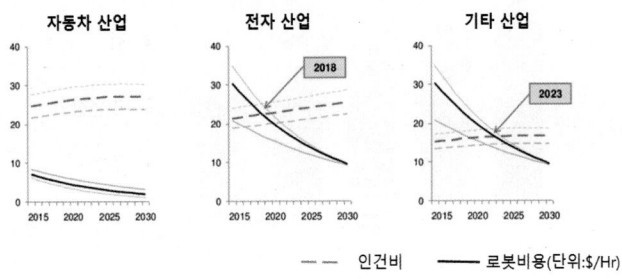

## 세계 경제지도를 다시 그리는 로봇

지난 20년간 중국은 세계의 공장 역할을 하면서 빠르게 경제 규모를 키워왔으며, 2014년에는 구매력 기준 국가 총생산이 미국을 추월하는 등 영원할 것 같았던 미국 주도의 세계 경제권이 중국으로 상당 부분 이동하고 있다. 그러나 높은 경제성장률보다 빠른 속도로 상승한 인건비로 중국에서의 생산은 가격 측면의 장점을 잃어가고 있고 2015년부터는 물류비용까지 고려하면 미국 내 생산비용과 큰 차이가 없는 수준에 이르고 있다.[18]

이러한 틈을 로봇이 메우고 있다. 독일을 필두로 하여 여러 국가에서 제조를 본국에서 유지하려는 경향이 있으며, 미국과 일본에서도 제조업의 본국회귀(Reshoring)가 추진되고 있다. 높은 인건비를 극복하기 위한 수단으로 로봇 활용이 증가하고 있는 것이다.

이러한 확대는 단순히 가격 때문만은 아니다. 2000년대 후반에 등장하여 2010년대 중반에 본격적으로 제품화되기 시작한 협동 로봇 기술의 발전도 한몫하고 있다. 기존의 제조용 로봇들이 안전을 위하여 펜스를 치고 사람의 접근을 제한하는 상태에서만 동작이 가능했던 것에 비해, 협동 로봇은 사람과 충돌하여도 상해의 위험이 매우 낮거나 없는 로봇으로, 펜스가 필요 없다. 인간 작업자와 함께 일할 수 있는 로봇인 것이다. 이처럼 기존 제조용 로봇에 필수적이었던 별도 공간의 확보가 필요 없고, 로봇 전용 부대설비 투자 비용이 절감된다는 장점으로 인해 협동 로봇이 대기업에서만 활용되던 것에서 벗어나 중소기업에서도 쉽게 사용될 수 있게 되었다.

제조용 로봇만이 확산하고 있는 것은 아니다. 2000년대 중반에 등장한 로봇 청소기는 높은 비용 대비 낮은 성능으로 인하여 결과가 별로 성공적이지 않았다. 그러나 청소 성능이 개선되고 가격이 절반 수준으로 하락하면서 현재 로봇 청소기는 신혼부부의 필수품이 될 정도로 인기를 차지하게 되었다.

물류 분야에서도 로봇의 활용이 급증하고 있다. 아마존은 2012년 키바 시스템이라는 로봇 기반 물류 시스템 회사를 인수[19]하고 자사의 물류창고에 적극적

---

18) How a Takeoff in Advanced Robotics Will Power the Next Productivity Surge, The Boston Consulting Group, 2015
19) https://dealbook.nytimes.com/2012/03/19/amazon-com-buys-kiva-systems-for-775-million/

으로 로봇을 적용하였다. 이로 인해 비용 절감 효과를 얻고 있다. 배송 전문 회사인 DHL도 물류창고 내에 이송 로봇을 활용하고 있다.

 이러한 로봇 산업의 확대와 함께 다양한 분야에서 로봇을 통한 서비스를 가능하게 하는 로봇 기술에 대해 좀 더 알아본다.

# 2. 로봇 성능

## 자유도(Degree of Freedom)

로봇의 운동 능력을 표현하는 지수 중 하나를 자유도(Degree of Freedom)라고 한다. 로봇팔(Robotic Arm)이라고 불리는 머니퓰레이터(Manipulator)의 경우 축수(Axes)라고 표현하기도 한다. 3차원 공간상에서 모든 위치와 방향을 가지려면 6자유도가 필요하다. 즉, 6개의 모터가 서로 독립적인 방향으로 구성되어야 한다. 3차원 공간상에서 위치(Position)는 x축, y축, z축의 3차원으로 표현되며, 방향(Orientation)은 u축, v축, w축의 3차원, 즉 총 6차원의 자유도를 갖는다. 6자유도 이상을 갖는 로봇[20]도 있는데, 7자유도 로봇이 대표적이다.

로봇이 여유 자유도를 가지게 되면 특정 위치 및 방향을 갖는 자세를 무한히 가질 수 있다. 따라서 자세에 대한 관절의 해가 많아지게 되어, 시간 최적, 에너지 최적 또는 충돌 회피 등의 제3의 충족 조건을 만족할 수 있다.

---

[20] 여유 자유도 머니퓰레이터(Redundant Manipulator)

뱀 모양(Snake-like) 로봇의 경우 더 많은 여유 자유도를 갖게 된다. 따라서 임의의 굴곡을 가진 통로를 따라 움직이는 것이 가능해진다. 몸 안을 침투하며 병변의 위치를 찾아가는 의료용 수술 로봇이나, 잔해더미에서 구조를 기다리는 생존자를 찾는 재난구조 로봇의 경우 이처럼 다수의 여유 자유도를 갖는 뱀 모양의 로봇으로 설계된다.

## 속도(Speed)

로봇의 운동 능력을 대표하는 인자 중 하나는 바로 속도이다. 제조용 로봇의 경우 속도가 생산성과 직결되기 때문이다. 문제는 어떻게 로봇의 속도를 높이느냐 하는 것이다. 로봇의 속도를 높이는 두 가지 방법이 있다. 하나는 구동기에 고속 고토크 모터를 채용하는 것이다. 둘째는 로봇의 팔(Robotic Arm)을 경량화로 설계하여 관성(Moment of Ineria)을 줄이는 것이다. 문제는 수직 다관절 로봇의 경우, 관성을 줄이더라도 속도가 올라가면 기계적 동특성이 커져 진동이 발생한다는 것이다. 속도를 높이면서도 정밀도와 안정도를 유지하려면 PID 제어 알고리즘[21] 외에 동특성을 보상하는 복잡한 제어 알고리즘이 필요하다. 산업용 로봇이 상용화된 시점은 50년이 넘는다. 그사이에 발전한 것이 두 가지 있는데, 하나는 모터 제작 기술의 발전이다. 모터의 힘이 증대된 것이다. 네오디뮴(Neodymium, Nd)[22]과 같은 원자번호 60번의 희토류 화합물은 초강력 자석의 재료가 되어 모터의 세기를 크게 증대할 수 있었다. 두 번째는 컴퓨터 기술의 발전이다. 관절 수가 많은 로봇을 고속으로 제어하려면 경로 계획과 동역학 보상 제어 알고리즘을 실시간으로 수행하는 고속의 컴퓨팅 기술이 필요하다. DSP 프로세서[23]와

---

21) 비례(Proportional)-미분(Differential)-적분(Integral) 제어 알고리즘
22) https://ko.wikipedia.org/wiki/네오디뮴
23) Digital Signal Processor로서 모터를 제어하는 전용 CPU이다.

FPGA[24] 설계 기술 등 컴퓨터 프로세서 기술의 발전으로 복잡한 구조의 다관절 로봇을 정밀하게 고속제어하는 것이 가능해졌다. 요즘 제품화된 다관절 로봇의 최대 속도는 관절 속도를 기준으로 초당 500도 수준이다. 거의 1초에 한 바퀴 반 도는 속도인 셈인데, 감속비를 대략 100:1로 가정하면 모터 입장에서는 10,000rpm의 속도로 회전해야 한다. 이런 속도로 로봇을 구동하는 것은 감속기뿐만 아니라 고속 베어링 등 정밀 기계 부품의 발전이 뒤따라야 가능하다.

## 반복 정밀도(Repeatability)

로봇의 운동 능력을 대표하는 또 하나의 성능 지수는 반복 정밀도[25]이다. 반복 정밀도란 로봇을 얼마나 정밀하게 움직일 수 있느냐를 측정한 것이다. 로봇의 정밀도를 높이려면 우선 기계적으로 안정된 구조로 설계해야 한다. 로봇의 기계적 안정도를 결정짓는 가장 큰 인자는 바로 감속기이다. 감속기(Reduced Gear)는 로봇의 정밀도를 높일 수 있을 뿐 아니라 힘을 증폭시키는 역할을 한다. 그러나 감속기가 정밀하지 못하면, 기계적 정밀도를 떨어뜨리는 큰 요인이 된다. 따라서 정밀한 로봇을 제작하려면 정밀한 감속기를 사용해야 한다.

두 번째로 정밀도를 유지하는 데 필요한 것은 모터의 제어 성능이다. 모터의 위치를 정밀하게 제어하기 위해서는 높은 분해능을 갖는 엔코더(Encoder)[26]가 필수적이다. 결국 로봇의 위치 정밀도를 결정짓는 인자는 감속기와 엔코더 등 로봇 요소 부품의 성능과 직결됨을 알 수 있다.

---

24) Flexible Programmable Gate Array
25) 정밀 제조용 로봇의 반복 정밀도는 통상 20마이크로미터 수준이다.
26) 제조용 로봇의 엔코더는 보통 10만~100만 펄스의 분해능을 갖는다.

## 운동 범위(Working Range)

운동 범위는 로봇의 크기를 결정짓는다. 고정된 로봇의 운동 범위는 로봇팔의 길이에 따라 결정된다. 팔의 길이가 길어지면 모터에 부하를 주게 되어 로봇의 속도가 제한된다. 또한 동적 특성이 커져 제어 성능에도 영향을 준다. 결국 운동 범위도 넓으면서, 고속으로 정밀하게 로봇을 설계하는 능력이 정밀고속 로봇을 제작하는 데 주요 경쟁력이 된다. 또한 운동 범위는 로봇의 제작 단가와 직결되기 때문에 많은 로봇메이커들이 사용 목적에 따라[27] 다양한 운동 범위를 갖는 모델들을 계열화하여 내놓고 있다. 고정된 로봇에게 이동 능력(Mobility)을 부여함으로써 운동 범위를 넓혀주는 이동형 머니퓰레이터(Mobile Manipulator)도 있다. 이 경우 여유 자유도가 발생하여, 작업 특성에 맞춰 경로를 최적화하는 기술이 필요하다.

## 가반하중(Payload) 또는 최대 토크

가반하중은 로봇의 힘을 결정하는 요소로서, 얼마나 무거운 물체를 핸들링할 수 있는가를 결정짓는다. 로봇팔(Robotic Arm)의 최대 가반하중은 로봇팔의 구조(Mechanism)적 강성과 구동 모터의 최대 토크(Torque)에 따라 결정된다. 대형 부품의 조립 작업이나 디버링(Deburring)[28] 등의 가공 작업에서는 높은 토크의 힘을 로봇에게 가한다. 최대 토크가 얼마냐에 따라 로봇의 적용 범위가 결정되므로 작업 특성에 맞는 로봇을 설계해야 한다. 큰 가반중량을 위해 로봇팔의 구조를 병렬형(Parallel Link) 구조로 설계하기도 한다. 때로는 두 대 이상의 로봇이 협조 제어(Cooperative Control)하기도 한다. 따라서 고토크 고가반하중을 갖는 로봇 설계는 메커

---

[27] 조립용 로봇의 경우 비교적 작은 운동 범위를 갖는 소형 로봇이 사용되고, 이송적재 로봇이나 도장용 로봇의 경우 큰 운동 범위를 갖는 대형 로봇이 사용된다.
[28] 가공 후 표면 정밀도를 높이기 위해 표면을 다듬는 작업을 말한다.

니즘 설계 기술, 모터 설계 기술, 협조 제어 기술 등 다양한 기술들을 통해 완성된다.

# 3

# 로봇 기술, 어디까지 왔나?

### 로봇 조작 : 능수능란하게 다양한 물체를 다루는 기술

　로봇은 물체 핸들링 작업을 빠르고 정교하게 수행하는 데 정확도와 피로도 측면에서 인간보다 매우 효과적이다. 산업용 로봇은 이미 제조공장에서 페인트를 칠하고 용접을 하는 등 위험하고 열악한 일들을 쉴 새 없이 수행하고 있다. 이처럼 정형화된 대상에 대해 반복적인 작업을 수행하는 것은 로봇에게 쉬운 일이다.

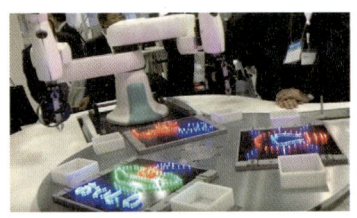

　반면 사람처럼 다양한 물체를 다루는 작업은 로봇에게 매우 어려운 일이다. 가령 집에서 주부들이 하는 일을 생각해 보자. 빨래, 설거지, 청소 및 정리정돈은 모두 손으로 물건을 집어서 옮기거나 다수의 물건을 상호작용시키는 조작 작업이다. 물건을 들어 옮기는 동작만 보아도 사람은 책상에 있는 얇은 종이부터 의자, 상자, 책상 또는 책장 같은 크고 무거운 가구까지 모두 손을 써서 때로는 양팔과 다리까지도 사용하여 잡고 이동하는 일을 수행한다. 더 나아가 한 손으로는 나무를 부여잡고, 또 다른 손으로는 드릴을 잡고 구멍을 뚫거나 나사를 박는 등 양손으로 조립하는 것도 어렵지 않게 수행할 수 있다. 그러나 아직 로봇에게는 바닥에 있는 얇은 종이를 집는 것도, 가구와 같이 무거운 물체를 이동시키는 것도 매우 어려운 일이다.

　그보다 어려운 일은 유연한 물체를 다루는 일이다. 예를 들면 편의점용 도시락 포장 작업을 로봇으로 자동화하는 공정을 살펴보자. 이 작업에는 두부와 같이 부서지기 쉬운 식재료를 핸들링하거나 모양이 일정치 않은 야채류를 적정한 양으로 덜어내는 작업이 필요한데 로봇에게는 실로 어려운 일이다.

　도구를 이용하여 물체를 자유자재로 다루기 위해서는 인간이 갖고 있는 촉각 기능과 많은 물체를 다루면서 터득한 조작지능이 필요하다. 그러한 수준의 로봇 조작 기술(Robotic Manipulation)[29]은 아직 실용화 수준에 이르지 못하고 있다.

---

29) https://en.wikipedia.org/wiki/Category:Robotic_manipulation

먼저 사람의 손에 해당하는 그리퍼 또는 로봇핸드도 연구해야 할 대상이다. 사람의 손은 다섯 개의 손가락으로 이루어져 있고, 각각의 손가락에는 매우 섬세한 촉가가 있다. 다섯 손가락은 움직일 수 있으며, 또한 손가락과 손바닥의 피부는 가벼운 물체부터 무거운 물체의 마찰을 감지할 수 있고 재질을 구분할 수 있을 만큼 섬세하면서도 적응력이 높다. 각각의 손가락이 낼 수 있는 힘은 매우 커서 손가락 하나로 수 kg의 물체를 지탱할 수 있다.

이와 같이 사람과 같은 섬세한 촉감과 마찰력을 갖는 피부, 그리고 매우 정교하면서도 큰 힘까지 낼 수 있는 인공 근육 등에 대한 연구가 진행 중이다.

독일의 연구소 DLR[30]은 사람의 손처럼 손가락의 구동력을 손안에서만 구현하지 않고 팔뚝까지 확장하여 강한 힘과 다양한 자유도를 낼 수 있도록 하였다. 손가락 내부에 모터와 감속 기구를 내장하면서도 15자유도라는 높은 자유도를 내는 로봇손에 관한 연구도 발표하였다. 그러나 아직 사람의 손처럼 촉각이 있으면서도 다양한 표면에 적응 가능한 인공 피부조직은 실현되지 못하고 있다. 접시를 미끄러지지 않게 잡고 설거지를 하거나 동전을 바닥에서 집는 등의 섬세한 피킹 작업은 로봇손에 마찰력과 촉각을 갖는 피부를 요구한다. 최근 연구를 보면 이러한 부분을 해결하기 위하여 유연한 피부형 센서 기술이 개발되고

---

30) https://www.youtube.com/watch?v=AuiY7ChfQ4k

있으며[31] 이를 위하여 소재부터 반도체, 인공지능까지 다양한 기술이 융합되고 있다.

한편 다양한 물체를 다룰 수 있는 손이 있다고 하여도 그것을 잘 조작하는 지능을 실현하는 것은 또 다른 기술이다. 로봇은 프로그램에 의해 동작하기 때문에 사전에 정의된 동작만 하는 것은 쉬운 일이다.

공장에서 다루는 물체는 몇 가지로 한정되고 그것들을 움직이는 규칙도 미리 정해져 있다. 그러나 일상생활에서는 수없이 많은 물체를 접하게 되고 그것들을 움직이거나 조작하는 규칙도 일정치 않다. 인간이 물체를 조작하는 방법을 살펴보자. 아기일 때는 딸랑이와 같은 물체를 자기 손으로 이리저리 만져보며 조작하는 법을 배우고, 커가면서 어른들이 물건을 조작하는 것을 보고 흉내 낸다. 교육을 받은 후에는 문서로 된 조작 설명서를 보고 물체를 조작하는 법을 학습한다. 이러한 방식은 그대로 로봇에도 적용된다. 제조용 로봇처럼 다루는 물체가 한정되고 조작하는 방법이 일정한 경우에는 조작 방식을 프로그램으로 미리 입력하는 방법이 이용된다. 그러나 다양한 물체를 다루는 다품종 소량 생산 방식에는 조작 사양서를 기반으로 스스로 조작 동작을 계획하고 동작하게 하는 기술들이 필요하다. 최근 기계 학습 기술의 발전으로 작업자가 로봇에게

---

31) http://bdml.stanford.edu/Main/RobotiqGrasping

작업물을 조작하는 것을 보여주며 핸들링 작업을 배우도록 하는 인공지능 기반 조작 기술이 연구되고 있다. 심지어 어떤 작업에 대한 유튜브 동영상을 보여줌으로써 해당 작업을 배우게 하는 혁신적인 연구도 진행 중이다.[32]

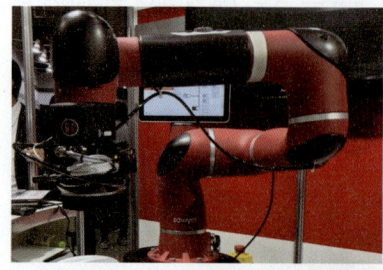
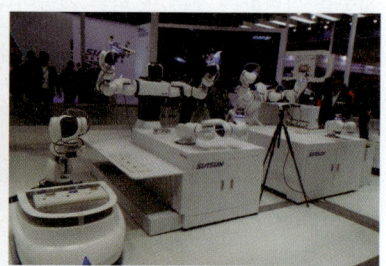

궁극의 조작 기술은 물체를 스스로 만져 보면서 조작 방법을 배우는 비지도 학습 기반 조작 기술이라 할 수 있다. 구글이 공개한 최근 연구를 보면[33] 다수의 로봇과 그립력 측정이 가능한 그리퍼 연구, 그리고 카메라 영상만을 이용하여 로봇이 다양한 물체를 잡아보고 놓치기도 하면서 물체들을 잡고 조작하는 방법을 심층 학습(Deep Learning)을 통해 스스로 배우게 하는 연구를 시도하고 있다. 이를 위하여 실제 로봇 14대를 이용하여 80만 회의 조작 실험이 시행되었다. 이 같은 기술들이 모두 실현된다면, 영화에서처럼 다양한 재료를 이용하여 요리를 하고, 가정이나 사무실을 정리·정돈하고, 바느질과 같이 섬세한 작업까지도 할 수 있는 지능형 로봇이 등장할 것이다.

### 로봇 물체 인식 기술 : 물체를 보거나 만져서 알아보는 기술

로봇이 환경을 인식하고 물체를 조작하기 위해서는 시각에 해당하는 물체

---

32) http://alchemyeggaumniverse.blogspot.kr/2015/01/robots-use-youtube-learning-tutorials.html
33) https://www.youtube.com/watch?v=fuoX_866UFg

인식 기술[34]이 필요하다. 로봇 개발자 입장에서 사람이 물건을 보고 인식하는 능력은 실로 경외감을 느낄 정도로 뛰어나다. 자신이 알고 있던 물체와 비슷한 것을 보고 추론하는 능력도 있으며, 여러 가지 물체들이 겹겹이 쌓여 있는 상황에서도 단편적인 부분 정보만을 이용하여 정확하게 물체를 알아보고는 한다. 보기만 해도 물체가 얼마나 떨어져 있는지, 어떤 방향으로 놓여있는지도 알아낼 수 있다.

물체의 3차원 정보를 인식하기 위해 우리는 두 눈으로 물체를 봐야 한다고 알고 있다. 하지만 실은 한 눈으로만 보아도 이미 알고 있는 물체에 대해 거리와 방향 등을 추정할 수 있다. 이 모든 것은 물체 인식 때문이다. 물체 인식은 사전 정보를 바탕으로 물체를 보고 종류, 크기, 방향, 위치 등의 정보를 실시간으로 알아내는 기술이다. 여기에 더하여 최근에는 탄성이나 질감 등 물적 특성을 추정하는 것까지 포함한다.

인간은 두 눈으로 물체를 인식하고 3차원 정보를 쉽게 인식해내지만, 아직 로봇은 그러하지 못하다. 특히 물체의 3차원 정보를 정확하게 추출하는 것은 더욱 어려운 일이다. 최근 3차원 영상 정보를 정확하게 측정하는 것이 가능해지면서 물체 인식 기술이 급속히 발전하고 있다. 깊이(Depth) 카메라[35]라고 불리는 기술은 적외선 등을 이용하여 구조화된 빛(구조 광, Structured Light)을 투사하고 물체 표면에 투사된 영상을 분석하여 물체와의 거리를 계산하는 방식이다. 최근의 3D 카메라는 해상도(예를 들면 640x480)에 해당하는 점(픽셀, Pixel)들에 대한 깊이 정보를 알아내어 거리로 이루어진 3차원 영상을 만들어 낼 수 있다. 이를 이용하여 물체의 3차원 형상과 거리, 방향 등을 정밀하게 계산할 수 있게 되었다.

---

34) https://en.wikipedia.org/wiki/Outline_of_object_recognition
35) 물체와의 거리를 마치 카메라와 같은 해상도로 얻어내는 기술은 마이크로소프트가 2010년에 단돈 $200 수준으로 출시한 키넥트(Kinect)가 출현하면서 급속히 보급되고 있다.
https://www.baslerweb.com/en/products/cameras/3d-cameras/time-of-flight-camera/

센싱 기술과 물체 인식 기술은 더욱 발전하고 있다. 최근의 인공지능 기술은 특정 형상을 보고 물체의 영상 정보와 3차원 형상 정보를 이용하여 물체를 정확하게 인식하는 것이 가능해지고 있다.

인공지능 기술이 더욱 발전된다면 스테레오 영상만을 가지고도 사람보다 뛰어나게 물체를 인식하고 위치와 방향을 정밀하게 계산해 내는 것이 가능해질 것이다.

## 로봇 위치 인식 기술 : 외부 환경 기준으로 위치를 알아내는 기술

로봇이 공장이나 사무실, 가정환경에서 자율적으로 움직이며 서비스를 제공하기 위해서는 사람처럼 공간을 인식하고 이동하는 로봇 항법(Robot Navigation)[36] 기술이 필요하다. 사람은 편차가 있지만 공간지각 능력이 있어 가본 적이 있는 곳이나 주로 생활하는 공간이 어떻게 구성되어 있고, 현재 위치에서 특정한 위치로 가려면 어떤 경로로 가야 하는지를 잘 알고 있다. 이처럼 공간에 대한 위치를 인식하는 기술을 위치 인식(Self-localization) 기술이라 한다. 위치 인식 기술은 로봇의 위치와 방향을 추정하는 것으로 이는 다시 상대 위치 인식과 절대 위치 인식으로 분류된다. 상대 위치 인식은 로봇 자체에 탑재된 센서들을 이용하여 이동 경로상에서 현재 위치 및 방향을 추정하는 기술로 바퀴에 장착된 회전각 센서, 몸통에 부착한 가속도/자이로 센서 등 관성 센서를 사용한다. 절대 위치 인식은 외부 환경을 직접 측정하여 위치나 방향을 계산하는 방식으로 위성항법 GPS 신호를 이용하거나, 로봇 자체에 장착된 레이저 거리 센서, 카메라 센서 등을 이용하여 환경에 대해 자신의 위치를 계측하는 방식이다.

---

36) https://en.wikipedia.org/wiki/Robot_navigation

위치 인식 알고리즘은 주변 환경에 대한 정보를 로봇 내부에 축적하는 매핑이라는 과정을 포함한다. 매핑은 환경에 대한 정보를 로봇이 이해할 수 있는 형태로 변환하는 과정으로, 공간이 넓을수록 많은 양의 데이터와 처리 능력을 요구한다. 가장 기초적인 매핑은 공간에 대한 기하학적 정보를 수치화하여 거리 기반으로 지도화하는 것으로 프리미엄급 로봇청소기 등에 주로 사용된다. 이때 사용되는 센서는 눈에 보이지 않는 근적외선 레이저를 쏘아 거리를 측정하는 방식으로 로봇과 주변 벽, 가구 등과의 거리를 연속적으로 측정하고 측정값에 기초하여 거리 기반의 지도를 만들어낸다.[37] 그리고 이 지도를 바탕으로 로봇 자체의 위치를 추정하는 것이다. 이러한 위치 추정 기술을 슬램(SLAM, Simultaneous Localization and Map-building)이라 한다. 청소 로봇은 청소해야 하는 영역 및 복귀할 장소에 대한 정보가 필요하며 그것은 거리 기반의 지도만으로 충분하다. 그러나 로봇에게 심부름을 시킨다든가 집안을 정리·정돈하는 비교적 고차원적인 일을 시키기 위해서는 사람들이 공유하는 의미를 로봇도 이해하는 의미론적 지도 생성 방법이 필요하다.[38] 공항이나 쇼핑몰과 같이 공간이 넓고 사람들이 많이 왕래하는 대형 실내 공간에서는 위치 추정의 문제가 좀 더 복잡해진다. 이러한 공간에서는 사람조차도 가끔 위치 인식에 실패하여 길을 잃고는 한다. 당연히 로봇에게도 그 공간을 지도화하는 것부터 공간 내에서 자신의 위치를 추정하는 것 모두 어려운 문제가 된다.

37) http://www.ais.uni-bonn.de/~holz/spmicp/
38) https://www.doc.ic.ac.uk/~rfs09/research.html

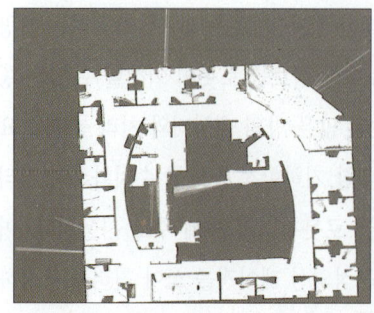

    대형 공간일수록 비슷한 구조의 공간이 많기 때문에 거리 기반의 공간 정보만을 가지고 위치를 정확하게 추정하는 것이 불가능하다. 이를 보완하기 위해 인공적인 랜드마크나 무선 방식의 비이콘(RFID) 또는 바코드 등이 이용되기도 한다.[39] 반사된 전파의 위상차를 이용하는 실내용 GPS 등에 대한 연구도 시도되고 있다. 하지만 공간의 특성에 따라 인공 랜드마크의 부착이 제한되는 경우도 있어 사람처럼 공간의 시각적 특징, 온톨로지 기반의 시맨틱 인식 등 자연적인 랜드마크 인식을 통한 위치 추정 연구[40]도 진행 중이다.

    실외 환경에서의 위치 인식은 GPS 기반의 위성항법 기술을 주로 이용한다. 그러나 GPS는 기상 조건에 따라 오차가 변화하며, 지하 공간이나 고가도로와 같이 3차원적 환경에서는 오차가 수십 미터에 달하기 때문에 GPS에만 의존하여 로봇이 실외에서 이동하기 어렵다. 이를 극복하기 위하여 좀 더 정밀한 DGPS 기반 측위 기술도 이용되고 있으나 고가의 비용 때문에 로봇 센서로 사용하는 데 제한이 있다.

---

39) http://wonderfulengineering.com/amazon-uses-an-army-of-robot-workers-in-its-warehouse-to-fulfill-orders/

40) https://www.semanticscholar.org/paper/Probabilistic-data-association-for-semantic-SLAM-Bowman-Atanasov/4accec7a1a92d136c1c2200c20351a3b4d369425

 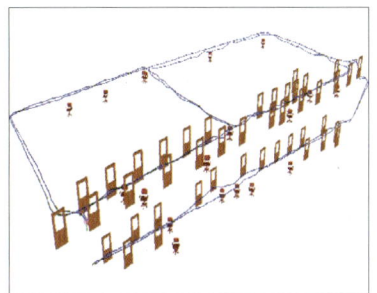

실내에서와 마찬가지로 실외 환경을 스캔하여 얻은 거리 정보 기반의 3차원 영상 정보와 GPS를 통해 얻은 2차원 위치 정보를 융합하여 GPS의 위치 오차를 보정하는 방법이 연구되고 있다. 그러나 실외의 영상 정보는 날씨에 민감하여 강건한 영상 처리를 위해 고도의 컴퓨팅 파워가 요구되고, 상대적으로 레이저 센서 등을 이용하는 방법에 비해 위치 정밀도가 떨어진다는 문제가 있다. 이러한 단점을 극복하기 위하여 실시간 지도 생성 및 주변 환경 대비 상대적인 위치를 정확하게 알아낼 수 있는 AI 기반 위치 인식 기술(예를 들면 LSD SLAM[41]이나 Dynamic Vision 기술[42] 등)이 연구되고 있다.

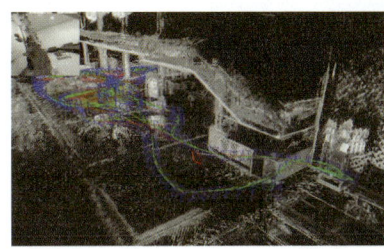 

---

41) https://vision.in.tum.de/research/vslam/lsdslam
42) http://rpg.ifi.uzh.ch/research_dvs.html

## 로봇 이동 기술 : 실제 환경에서 적당한 길을 찾아서 이동하는 기술

로봇이 자기 위치를 정확하게 추정할 수 있다면, 다음으로 필요한 것은 공간에서 실제로 이동할 수 있는 기술이다. 여기에는 물리적 이동에 필요한 메커니즘 설계 기술과 복잡한 공간상에서 적합한 경로를 스스로 계획하며 장애물이나 사람을 회피하는 자율 이동 기술 등이 포함된다.

이동 메커니즘 설계 기술은 지상의 경우 자동차와 같은 바퀴형 이동체와 사람이나 동물과 같은 보행형 이동체, 그리고 보행형과 바퀴형이 혼합된 하이브리드 이동 메커니즘 기술 등이 있다. 비지상 환경에서는 수중 이동체와 공중 이동체 메커니즘 기술이 있다. 바퀴형에는 차량과 유사한 조향 바퀴 구조, 청소 로봇에서 흔히 사용되는 차동 바퀴 구조, 장갑차와 유사한 다륜형 구조가 있다. 보행형의 경우 휴머노이드와 같은 2족형, 견마 로봇과 같은 4족형이 있다. 하이브리드형 메커니즘은 다리와 바퀴를 혼합하여 다리를 이용하여 계단을 오르거나 험지를 보행하고, 바퀴를 이용하여 평지를 고속으로 이동할 수 있다.[43]

자율 이동 기술은 출발지부터 목적지까지 도달할 수 있는 무한한 후보 경로 중에서 시간과 에너지 측면에서 최적의 경로를 찾는 경로 계획 기술과 이동 중

---

43) https://humanoides.fr/lg-robot-services/
https://newatlas.com/boston-dynamics-handle-robot/48151/

에 예상치 않게 발생하는 충돌을 회피하는 자율 경로 제어 기술을 포함한다. 경로 제어 기술은 단순히 경로 커브를 설계하는 기술뿐 아니라 주변 환경을 인식하여 자기 위치를 정확히 추정하는 기술과 센서를 통해 얻은 정보로부터 장애물을 인식하는 기술 등과 연동되어야 실용적으로 구현될 수 있다. 최근에는 인공지능 특히 머신러닝 기술의 발달로 로봇이 장거리를 주행하며 안전하게 목적지까지 도달하는 데 성공한 사례가 많으며, 무인 자동차를 위한 자율주행 기술로 발전하고 있다. 다족 보행 로봇 전문회사인 '보스턴 다이내믹스'는 휴머노이드 '아틀라스'에 상자 위로 점프하거나 뒤로 공중제비를 넘는 기술까지 구현하였다.[44] 로봇이 하는 것이라고는 믿기 힘든 동작을 하는 수준까지 발전한 것이다. 인간과 흡사한 몸의 움직임을 구현한 보스턴 다이내믹스의 로봇 이동 기술은 앞으로 로봇이 보다 복잡한 환경에서 자유자재로 활동할 가능성을 보여주고 있다.[45]

## 인간-로봇 상호작용 기술 : 의도를 이해하고 반응하는 기술

로봇을 사용하는 목적은 대부분 인간을 대신하여 일을 하게 하는 것이다. 이를 위해서 로봇에게 사용자의 의도를 전달하는 것이 필요하다. 공장에서 사용하는 제조용 로봇의 경우 프로그래밍 SW 또는 티칭 펜던트 버튼을 이용하여 사용자의 의도를 입력한다.[46] 이 방식은 전문적인 로봇 프로그래머를 고용하거나 사용자가 직접 로봇 프로그래밍 교육을 이수해야 한다는 단점이 있다. 그래도 제조 환경에서는 로봇을 한 번 프로그래밍하면 통상적으로 몇 달 또는 몇 년씩 같은 동작을 반복하기 때문에 로봇 프로그래밍에 불편함이 있어도 크게 문

---

44) https://youtu.be/fRj34o4hN4I
45) https://youtu.be/vjSohj-Iclc
46) http://www.directindustry.com/prod/fanuc-europe-corporation/product-32007-1807527.html

제 되지 않는다. 최근에는 로봇을 직접 잡고 움직여서 프로그래밍하는 직접 교시 방식도 개발되었다.[47]

그러나 비전문가인 개인이 사용하는 서비스 로봇의 경우에는 그러한 방법으로 작동 명령을 내리는 것이 매우 불편하다. 예를 들어 사무실 내에서 단순히 서류를 전달하는 동작을 위해 복잡한 프로그래밍을 해야 한다면 대부분의 사용자는 로봇을 사용하는 대신 직접 하는 것을 선택할 것이다. 그러나 최근의 인공지능 스피커와 같이 로봇이 인간의 음성을 이해할 수 있다면 어떻게 될까? 사람들은 대부분 로봇 사용을 주저하지 않을 것이다. 사용자의 관점에서 로봇과의 소통을 쉽게 하는 기술이 인간-로봇 상호작용(Human-Robot Interface, HRI) 기술이다.

인간-로봇 상호작용 기술에는 음성이나 얼굴 표정 등에서 인간의 의도를 파악하는 기술, 사용자의 감정을 인식하는 기술,[48] 동작을 보거나 근전도 신호 등을 이용하여 제스처를 인식하는 기술, 뇌파를 이용하여 감성이나 의도를 인식하는 기술[49] 등이 있다. 로봇이 인간에게 서비스를 제공하는 데 사용자의 의도를 인식하는 것 외에 감정을 인식하는 것까지 필요한지 의문을 갖는 독자도 있을 것이다. 로봇이 사용자의 감정을 인식하게 되면 사람의 명령이 불명확한 경우에도 올바른 의도를 파악할 수 있으며, 적절한 반응으로부터 로봇이 인간의 감정을 이해한다고 착각하는 경우 인간은 로봇을 통해 심리적 안정감을 얻을 수 있을 것이다. 이러한 효과는 노약자를 위한 실버 로봇이나 가정용 애완 로봇, 집사 로봇 등에게 매우 필요할 것이다.

---

47) http://news.yeogie.com/entry/114388?locPos=25Q&
48) http://www.ipnomics.co.kr/?p=64421
49) http://www.techholic.co.kr/news/articleView.html?idxno=64556

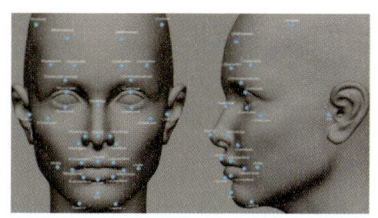

　텍사스 알링턴대학(University of Texas at Arlington, UTA)은 로봇을 어떻게 가정환경에 통합시켜 물리적, 정서적인 서비스를 지원할 수 있는가에 관한 연구를 진행하고 있다. 이 대학의 감성 로봇 리빙랩(Emotional Robotics Living Lab)은 동반자 로봇이 인간과 어떻게 교감해야 하는지 연구하고 있다.[50]

　물론 인간-로봇 상호작용 기술은 그 대상이 인간이기 때문에 가장 어렵고 복잡 미묘한 기술 중 하나이다. 그러나 로봇이 일상생활에서 보편화되기 위해서는 반드시 필요한 기술이라고 할 수 있다. 앞으로 인공 감성 기술이 더욱 발전하면, 사람의 표정만 보고도 대화를 나눌 수 있는 인간화된 로봇이 현실화될 날이 머지않을 것이다.

---

50) http://www.irobotnews.com/news/articleView.html?idxno=12256

### 로봇 핵심 부품 기술 : 로봇을 구성하는 기술

　로봇의 가격을 결정하는 요인에는 여러 가지가 있겠지만, 제조용 로봇의 경우 로봇 부품이 완제품의 가격과 성능을 결정한다. 심지어 완제품의 경쟁력을 좌우하게 된다. 서비스 로봇의 경우 아직까지 시장이 작고 산업이 성숙한 단계에 이르지 못하여 한두 기업이 제품의 생산단가로 세계 시장을 장악하기 힘들다. 오히려 시장에서 소비자가 지출할 수 있는 최대 비용으로 가격이 결정된다. 서비스 로봇은 아직 부품에 대한 영향력이 제조용 로봇에 비해 상대적으로 적은 편이나, 이미 시장이 성숙된 청소용 로봇은 부품의 비용이 제품의 경쟁력을 좌우한다. 최근 로봇 산업이 급성장하고 있지만 핵심 부품에 대한 외산 의존도가 심각하다. 산업용 로봇을 구동하는 정밀 핵심 부품에서도 외산에 의존하는 현상이 심화되고 있는 것은 큰 문제이다.[51]

### 로봇이 움직이는 구동기

　구동기(Actuator)는 전기적 에너지를 기계적 에너지로 변환하는 장치이다. 산업용 로봇에서 구동기는 원가 비중이 높은 핵심 부품이다. 로봇 구동기를 구성하는 부품으로는 감속기, 서보모터(엔코더), 브레이크, 컨트롤러 등이 있다. 이 가운데에서도 감속기와 서보모터가 정밀도를 결정하는 핵심 부품이다. 이 구동기에는 전기식 모터와 유압식 모터가 포함된다. 전기식 모터는 로봇 이외에도 많은 산업에서 사용되고 있어 자체로 큰 산업을 이루고 있으나 로봇 전용 모터는 로봇을 위해 몇 가지 요구 조건이 추가된다. 로봇용 모터는 크기와 무게를 줄이면서도 로봇이 더 큰 힘을 낼 수 있도록 설계되는 것이 필요하다. 보통 일반 산업용 모터에서는 회전 속도 정도가 제어되는데, 로봇용 모터는 추가적으로 회전

---

[51] http://www.etnews.com/20171116000475

각과 토크 등이 제어되어야 한다. 로봇 암(Robot Arm)을 더욱 큰 힘으로 정밀하게 제어하기 위해 감속기가 모터와 함께 사용된다.

로봇에 사용되는 정밀모터는 일본, 스위스, 독일, 미국 등에서 주로 생산되며, 고해상도의 엔코더를 장착하고 토크 리플이 없는 고정밀 고토크 모터 설계 기술이 핵심이다. 특히 다양한 제품군으로 글로벌 로봇용 정밀모터 시장에서 우위를 점하고 있는 스위스 Maxon 모터사는 최근 박형 다극모터를 채택한 신제품[52]을 출시하여, 기존 로봇 구동용 모터 시장의 점유율을 늘리고 있다. 미국의 Kollmorgen사에서는 프레임리스(Frameless) 형태의 다양한 사양과 출력을 갖는 모터를 시리즈로 개발하여 시판 중이다. 최근 국내에서도 로봇 전용의 모터가 개발되었는데, 이 모터는 다극 다슬롯의 박형 타입[53]으로 하모닉 감속기와 결합한 구조이며 로봇 활용이 더욱 용이하도록 설계되었다.

로봇용 감속기의 종류로는 기어들이 여러 단 겹친 모양을 갖는 유성형 기어 감속기, 이빨 수의 차이가 2개 나면서 안쪽의 기어가 유연(Flexible)하게 변형되며 바깥쪽 기어와 맞물리는 형태인 하모닉 드라이브 감속기, 그리고 기어 축에 편심을 두어 하모닉 드라이브와 유사하게 감속이 가능한 RV형 감속기 등이 있다.

---

52) https://www.maxonmotor.com.au/maxon/view/news/A-DC-motor-kit-supplied-in-parts-for-robotic-joints
53) http://www.tmmotor.co.kr/

제조 로봇용 유성 감속기의 경우 독일의 FATEC, 대만 APEX 등이 부하 토크 10Nm~2,000Nm까지의 중대형 감속기를 생산하고 있다. 서비스 로봇용 유성 감속기의 경우 독일 Faulhaber, 스위스 MAXON 등이 부하 하중 0.002Nm~100Nm 범위의 소형 감속기를 생산하고 있다.

하모닉 감속기 시장은 일본의 하모닉 드라이브 시스템즈사(Harmonic Drive Systems Inc.)가 2016년 기준 세계 시장의 84.9%를 과점하는 등 압도적인 지배를 하고 있다.

좌상 : 유성기어 감속기
우상 : 하모닉 드라이브 감속기
좌하 : RV형 감속기

## 주변 환경의 정보를 얻는 시각 센서

로봇이 작업 환경을 이해하는 데 가장 필수적인 센서 중 하나가 시각 센서이다. 사람은 시각을 통해 얻는 정보가 90%에 이를 만큼 시각에서 많은 정보를 얻고 있다. 이는 로봇도 마찬가지이다. 최근에는 물체의 3차원 정보를 직접 센싱하는 Depth 센서가 개발되어 2차원 시각 센서보다 더 정확하게 환경을 인식하는 것이 가능하다. 시각 센서의 핵심 부품인 이미지 센서의 경우 SONY,

OmniVision, Samsung, Aptina 등이 시장을 점유하고 있다.[54] 최근에는 스마트폰 등에 고해상도 이미지 센서가 보편화되면서, 가격대비 집적도와 품질이 급격히 향상되어 로봇에도 적극적으로 활용되고 있다.

Depth 센서의 경우 게임 산업을 위해 2010년 마이크로소프트사가 키넥트(Kinect)를 저가로 보급하였는데, 요즘은 로봇 쪽에서 더욱 유용하게 활용되고 있다. 최근에는 Depth 센서의 성능이 더욱 좋아져 최신형 아이폰 X에서는 얼굴의 윤곽을 인식해 사용자를 식별하는 수준까지 구현되고 있다.[55]

사람이 갖는 또 다른 감각 기능 중 하나는 귓속의 전정기관을 이용한 평형감각이다. 이는 직립보행에 없어서는 안 될 감각 기능이다. 이동 로봇에서도 유사한 센싱이 가능한데 자이로스코프와 가속도계 등의 센서가 로봇의 위치 및 방향을 추정하는 데 사용된다. 이러한 관성 센서들은 가속도를 적분하는 방식으로 추적하여 위치를 계산하기 때문에 시간이 지남에 따라 위치 오차가 커지는 문제가 있다. 따라서 관성 센서들은 단독으로 사용되기보다 절대 위치 센서들과 융합하여 사용된다.

사람은 근육의 움직임으로부터 관절의 각도를 대략적으로 추정할 수 있다. 로봇의 경우도 각 관절의 위치를 회전각 센서를 이용하여 계측한다. 가장 보편화된 회전각 센서는 광학식 엔코더로, 정밀 용도의 경우 백만 개 수준의 해상도를 갖는다.

---

54) http://www.businesswire.com/news/home/20160205005778/en/Image-Sensors-Market-Analysis---Key-Players
55) http://www.itworld.co.kr/news/107024

동굴 속의 박쥐와 같이 로봇도 거리 정보를 센서를 이용하여 쉽게 얻을 수 있다. 초음파 센서 등을 사용해 전 방향을 N 등분 하고 각각의 영역에서 주변과의 거리를 측정한다. 최근에는 레이저 방식의 정밀 거리 센서를 고속으로 회전시키는 방식으로 초당 수십만 번 이상 주변 환경과의 거리를 계측하는 것이 가능해졌다. 이러한 센서를 라이다(Lidar)라고 부른다. 자율주행차가 현실화되기 시작한 것도 이 센서의 고속화와 정밀화 덕분이다. 최근 구글카에 사용된 Velodyne사의 LIDAR 센서[56]는 64개의 레이저를 동시에 사용하여 초당 수백만 개의 포인트 데이터를 수집하는 것이 가능하다. Neato Robotics에서 개발한 저가형 라이다 센서의 경우, 30불 수준의 저가격으로 청소 로봇에 장착되고 있다.[57]

이밖에도 로봇이 사람처럼 주변 환경과 접촉할 때 발생하는 반격들을 측정하는 힘/토크 센서 기술과 접촉면의 질감이나 마찰을 인식하는 촉각 센서 기술 등이 있다. 힘/토크 센서의 경우 물체를 조립하거나 다듬는 등의 작업을 할 때 필요하며, 촉각 센서는 로봇이 핸드로 물건을 집을 때 필수적인 것으로 특히 최근에는 로봇의 표면을 마치 인간의 피부처럼 제작하여 로봇이 사용자나 외부 환경에 어떤 부분으로 접촉하는지도 느낄 수 있도록 개발되고 있다.

---

56) http://www.velodynelidar.com/hdl-64e.html
57) http://www.impulseadventure.com/elec/robot-lidar-neato-xv11.html

### 로봇을 원하는 곳으로 움직이게 하는 제어기

로봇에는 모터와 센서가 있으며 로봇을 특정 위치로 움직이기 위해 제어기라는 것이 필요하다. 모션 제어기는 로봇팔의 관절들을 원하는 속도와 가속도로 원하는 각도에 위치하도록 제어하며, 힘 제어기는 외부와 접촉할 때 받는 반작용의 힘을 제어한다. 한 대의 제어기가 여러 개의 로봇팔을 제어하거나 자동화 장비로 이루어진 제조공정 전체를 제어하는 중앙집중형에서, 여러 대의 제어기로 분산되어 제어하는 네트워크형 제어기[58]까지 다양한 구조로 설계된다. 최근에는 로봇팔의 제어만이 아니라 이동 로봇을 원하는 경로로 이동시킬 수 있도록 하는 내비게이션 기반 경로 제어기도 등장하고 있다.[59]

58) http://www.ajinextek.com/menu02/page.php?page=cate_list&cate=04&item_code=04_07
59) http://www.roboticmagazine.com/various/lidar-navigation-module-drones-robots-autonomous-devices

# 4 로봇 산업의 현주소

**지속적인 성장이 예상되는 제조용 로봇**

　제조용 로봇 산업의 전망은 밝은 편이다. 중국의 자동차 산업과 IT 산업이 급성장하면서 전 세계 제조 로봇 판매는 2014년 대폭 늘었고, 세계 최대의 제조용 로봇 시장인 중국의 경우 로봇 밀도(근로자 만 명당 이용 대수)가 2015년 기준 49에 불과한 만큼 당분간 제조용 로봇은 두 자릿수의 성장을 이어갈 것으로 기대된다.[60] 특히 인공지능 기반 물체 인식 기술의 발전으로 그동안 제조공정 자동화 확대에 걸림돌이 되었던 기술적 한계가 풀리면서, 자동차 제조공장에서 용접·도장·핸들링 공정 등 표준화된 반복 작업공정에 주로 적용되던 로봇의 활용이 식료품·화장품 등 중소 규모의 제조공정과 금속·뿌리 산업 등 비표준화·비정형 공정의 자동화 영역으로 빠르게 확대되고 있다. 제조공장에서 인력이 빠지고 로봇이 대체하는 비율은 2015년 16%에 달한 것으로 보인다.

---

60) http://www.irobotnews.com/news/articleView.html?idxno=6074

이렇게 로봇 사용이 급속히 증가하는 것은 로봇 가격의 하락 때문이다. 로봇 가격은 기존에 비해 거의 50% 가까이 내렸다. 용접 로봇의 경우 2005년 18만 달러였는데 2016년 13만 달러로 내렸으며, 2025년이면 10만 달러 이내로 내려올 것으로 예측되었다. 제조업에서 임금에 소요되는 비용은 한국 33%, 일본이 25%, 미국과 대만이 각각 22%까지 축소될 것으로 예상한다.[61] 전 세계 25개 주요 수출국을 분석해보면 산업 지형이 어떻게 바뀌는지 보인다. 한편 로봇 채용의 상승 속도는 10%대로 나타나고 있다. IFR에 따르면 인구 1만 명당 로봇 사용 대수 면에서 한국이 437대, 일본이 323대, 미국이 152대, 중국이 30대에 불과하다.[62] 아직도 중국의 노동력 비용이 낮기 때문이다. 그러나 중국이 자동차의 생산 거점이 되면서 임금이 꾸준히 상승하여, 2017년까지 2배 증가하여 총 사용 대수가 42만 7천 대에 이를 것으로 분석된다. 밀도 면에서는 세계 6위 수준이나 도입 대수로는 2017년 기준 세계 선도국이 되었다는 뜻이다.

    제조용 로봇의 보급 확대는 기술 발전에만 기인하는 것이 아니다. 제조 기업들이 새로운 자동화 기술을 도입하는 데에는 그것이 생산 단가에 미치는 영향도 중요한 역할을 한다. 자동차 산업의 경우 이미 수십 년 전에 로봇을 활용하는 것이 인건비보다 저렴해진 반면, 스마트폰, 가전제품 등 전자제품 정밀 조립 공정에서는 미국을 기준으로 2018년경이면 인건비가 로봇 도입 비용을 넘어설 것으로 전망된다. 이러한 현상은 가속화되어 2022년경에는 대부분의 제조 산업에서 로봇 도입 비용의 경제성이 인건비를 역전하는 현상이 발생할 것이다.

    제조용 로봇 산업은 세계적으로 덴소(DENSO), 화낙(FANUC), 야스카와(Yaskawa) 등 일본 기업이 주도하고 있으며, 미국 어뎁트(Adept), 독일 쿠카(KUKA), 스위스 ABB 등도 메이저 규모의 제조 로봇을 생산하고 있다. 2016년에는 중국의 가전 업체인

---

61) https://www.slideshare.net/TheBostonConsultingGroup/robotics-in-manufacturing
62) http://www.irobotnews.com/news/articleView.html?idxno=4585

메이디 그룹이 독일의 쿠카 로봇의 지분 90% 이상을 사들이며 인수[63]하여 제조용 로봇 산업계에 지각변동을 일으키고 있다.

### 제조용 로봇의 새로운 트렌드 협동 로봇

최근에는 기존의 제조용 로봇과 비교하여 사용성 및 안전성 면에서 차별성을 갖는 협동 로봇 전문 제조사인 덴마크의 Universal Robotics사와 미국의 Rethink Robotics사 등이 신규로 등장하였으며, 국내에서도 2017년 한화와 두산이 협동 로봇을 출시하면서 로봇 산업에 새로이 진출하였다.[64]

제조용 로봇은 중국 등 신흥제조국의 인건비 상승과 로봇 단가 하락이 맞물리며 수요가 급속히 증가하고 있으며, 협동 로봇 등이 가세하면서 적용 분야도 급속도로 확대되는 추세이다. 중국의 제조업계는 인건비 증가와 인력 부족 문제로 인해 생산에 난항을 겪으면서 로봇 도입 및 자동화 시스템 구축을 서두르고 있다.[65]

협동 로봇은 이름에서 유추할 수 있듯이 인간과 협업 가능한 로봇으로 기존의 제조용 로봇들이 인간의 출입이 통제된 독립 공간에서 작동하던 것과 달리 인간과 작업 공간을 공유할 수 있는 로봇이다. 협동 로봇은 작업자와 충돌이 발생하여도 상해를 입히지 않도록 안전기준이 엄격히 적용되며, 기존의 제조용 로봇에 비해 작고 가벼운 편이다. 협동 로봇은 그 크기와 안전성으로 인해 기존 사람 중심의 작업장에 추가 설비 없이 투입될 수 있으며, 인간 작업자 옆에 설치될 수 있는 등 공간도 절약할 수 있다. 유연성도 갖고 있어, 로봇팔을 붙잡고 작업물 조작 방법을 지시하는 직접 교시[66] 등이 가능하다. 협동 로봇은 다품

---

63) http://news.joins.com/article/21066213
64) http://www.irobotnews.com/news/articleView.html?idxno=11709
65) http://www.asiatoday.co.kr/view.php?key=20171119010009982
66) https://www.neuromeka.com/

종 소량생산 및 유연 생산에 대응할 수 있으며, 인간-로봇 협업을 통해 효율적 생산을 할 수 있는 조립·검사 공정 등에 유리하다. 상용화된 협동 로봇으로는 KUKA의 하이엔드급 협동 로봇 'LWR iiwa', ABB의 양팔 로봇 'YuMi', Universal Robotics의 저가형 협동 로봇 'UR Series', Rethink Robotics의 지능형 제조 로봇 'Baxter' 등이 있으며, 이외의 신생 로봇 회사에서도 새로운 협동 로봇 신제품들이 지속적으로 출시되고 있다.

이제 제조용 로봇에도 최근 이슈가 되고 있는 인공지능 및 빅데이터 기술이 도입되고 있다. 이를 통해 임의의 형상을 가진 물체에 대해 스스로 학습하여 자율 작업계획을 수립하고 로봇 간에 취득한 정보를 공유하며 진화하는 등, 제조용 로봇 기술은 계속해서 고도화될 전망이다.

## 인간 수준 AI의 등장으로 급속한 성장이 기대되는 서비스 로봇

배달, 레스토랑 서빙, 노인 돌보미 등 사람을 대상으로 서비스하는 로봇을 서비스 로봇이라 한다. 최근 인공지능(AI)과 로봇 기술(RI)이 접목되면서 서비스 로봇 산업이 차세대 유망 산업(The Next Big Thing)으로 급부상하고 있다. 글로벌 투자 은행 맥쿼리에 따르면, 세계 서비스 로봇 시장은 연평균 32%씩 성장해 2025년 1,000억 달러 규모에 이를 것으로 전망된다.[67] 이 전망대로라면 2025년 서비스 로봇 시장은 현재의 PC 시장에 맞먹는 규모가 되는 셈이다. 현재 가정마다 PC와 자동차가 보급되어 있듯이, 2025년경이면 1가정 1로봇 시대가 열릴 것이라고 미래학자들은 예상한다. 특히 고령화 사회 문제가 심각해지면서 노인 돌보미 서비스를 제공하는 로봇을 차세대 성장 산업으로 집중적으로 육성하여, 사회 문제도 해결하면서 신산업 육성을 통한 일자리 창출도 하겠다는 것이 세계 로봇 강국들의 전략이다. 이런 서비스 로봇 시장 동향을 최근 화제가 되고 있는 서비스 로봇들의 예를 통해 살펴보자.

### 스피커인가, 로봇인가

몇 년 전만 해도 스마트홈 시대가 오면 과연 어떤 가전제품이 홈네트워크의 허브 역할을 하게 될지 의견이 분분하였다. 집안의 냉장고가 24시간 가동되므로 냉장고에 홈네트워크 게이트 기능을 주자는 아이디어로 IoT 냉장고가 개발되었다. 사실 냉장고가 네트워크에 연결되면 일부 사생활 침해 논란이 있겠지만 가정주부들이 어떤 신선 제품을 선호하는지 알게 되어 이를 빅데이터화하는 것이 가능해진다. 그러면 이 정보가 다시 피드백되어 유통물류 등 지능화된 서

---
[67] http://www.fnnews.com/news/201708071524231358

비스로 제공될 수 있을 것이다.[68]

최근 떠오르는 시장은 인공지능 스피커이다. 인공지능이 발달하게 되면서 사용자와 자연스러운 대화가 가능해짐에 따라 이 스피커는 집안의 모든 제품을 IoT로 연결하여 통제하는 서비스를 제공하게 된다. 스마트폰과 연동되어 외부에서 명령을 내릴 수도 있다. 최근 아마존이 스마트 스피커 라인업을 대폭 보강하였고 구글도 신제품을 속속 내놓으면서 스마트 스피커 시장이 전성기를 맞고 있다.[69] 현재 아마존이 이 시장의 70%를 점유하고 있고 후발 주자들의 공세가 격화되는 형국이다. 이미 아마존은 '에코' 스피커의 가격을 낮추고 에코 플러스, 에코 스팟 등 5종의 신제품을 내놓고 있으며, 구글 또한 음성인식 인공지능 스피커 '구글 홈 미니(Home Mini)'와 '구글 홈 맥스(Home Max)'를 새로 발표했다. 구글이 이번에 스마트 스피커 라인업을 보강하면서 아마존 알렉스, 애플 시리와 본격적인 경쟁을 펼칠 것으로 예상한다. 여기에 신규 후발 기업들이 속속 가세하면서 인공지능 스피커 시장은 더욱 달아오르고 있다. 하만 카돈과 MS가 제휴해 코타나를 지원하는 스마트 스피커 '인보크(Invoke)'를 출시할 예정이며 소노스(Sonos)도 '소노스 원'을 공급할 예정이다. 앞으로 날로 새로운 기능이 추가되며 스마트 스피커 시장에서의 신제품 경쟁이 갈수록 격화될 전망이다. 현재 모바일 기능을 갖추진 못했지만, 앞으로 이 기능이 추가된 자율 이동 스마트 스피커도 등장할 것 같다.

국내의 통신사와 포털 업체들도 인공지능 기술을 응용한 서비스를 앞다투어 도입하면서 인공지능 스피커를 출시하고 있다. SKT와 KT는 자사의 통신 및 IoT 서비스와 연계한 인공지능 스피커 '누구'와 '기가지니'를 각각 출시하였고, 네이버와 카카오 역시 인공지능을 기반으로 한 음성인식, 자연어 인식 서비스

---

68) http://www.hani.co.kr/arti/economy/economy_general/737609.html
69) http://www.irobotnews.com/news/articleView.html?idxno=11890

를 포털 서비스와 연계하여 활용하는 '웨이브'와 '카카오미니'를 출시하였다. 특히 카카오는 국내 메신저 시장을 장악하고 있는 카카오톡 서비스와 연계하여 그 편리함을 더하고 있다.

Amazon Echo  Apple homePod

SKT 누구  KT 기가지니

## 자율주행하는 청소 로봇

자율주행 기술이 상용화되면서 청소 로봇 시장도 본격적으로 확대되고 있다. 가정용 청소 로봇은 현재 해외에서는 아이로봇과 일렉트로룩스가, 국내에서는 LG전자의 로봇킹과 삼성전자 청소 로봇 등이 주를 이루고 있으며 업무용 청소 로봇 시장도 새로이 형성되고 있다. 월마트는 최근 본사 근처 매장에서 야간에 바닥을 문질러 닦는 청소 로봇 엘마를 공개했다.[70] 월마트는 그동안 수동으로 바닥 청소 차량을 운전하는 인력을 배치했으나 앞으로는 청소 담당 직원을 로봇으로 대체하고 다른 업무에 배치할 계획이라고 한다. 이 로봇은 샌디에이고에 본사를 둔 벤처기업 브레인콥(Brain Corp)이 만든 제품으로 자율주행 기술을 기반으로 하고 있다. 광범위한 카메라, 센서, 알고리즘 및 탐색 매핑을 위한 라

---

[70] http://www.irobotnews.com/news/articleView.html?idxno=12313

이다 등의 기술이 적용되었다. 미국 전역 50개의 쇼핑몰과 대형 소매 업체가 엘마를 활용하고 있고, 공항, 대학 캠퍼스, 기업, 산업 현장에서도 다양하게 활용되고 있다. 2018년에는 파트너사인 소프트뱅크 로보틱스를 통해 일본 시장에도 진출할 계획으로 알려졌다.[71] 소프트뱅크사는 인공지능(AI) 기술 기반의 화상 인식이나 자율주행 기술을 활용해 로봇의 기능과 안전성을 높인 무인 운전 업무용 청소 로봇을 개발, 내년 중 런칭할 계획이라고 한다. 일본에서는 이미 2013년 사이버다인이 스바루(당시 후지중공업)로부터 청소 로봇 사업을 인수하여 자율 이동 업무용 청소 로봇을 생산하고 있다. 캐나다의 Avidbots사도 2016년 바닥닦이 로봇 'neo'를 개발하여 공항, 쇼핑몰, 창고, 병원 등 업무용 청소 서비스가 필요한 곳을 대상으로 진출을 시도하고 있다. 국내에서는 LG전자가 2017년 7월부터 인천공항에 청소 로봇 시범 서비스를 시작한 바 있다.

현재 상용화된 청소 로봇은 주로 카메라 이미지로 자기 위치를 확인하면서 주행한다. 처음에는 적외선 레이저 스캐너 등 센서를 조합해 안전성을 높였지만 영상 처리 기술이 발전하면서 카메라 인식 기술만으로 위치 인식이 가능해져 고장 위험도 낮추고 가격도 인하될 수 있을 것으로 보인다.

---

71) http://www.irobotnews.com/news/articleView.html?idxno=12259

## 사회적 관계망을 넓혀주는 소셜 로봇

소셜 로봇은 사회적 관계 형성이 가능한 로봇을 의미한다. 여기서 사회적 관계란, 기존의 자판기 같은 무감각한 상호작용이 아니라 사회에서 통용되는 예의범절과 대화 감각을 갖는 원활한 상호작용을 의미한다. 이를 위해서는 사람들의 음성 대화를 인식하고, 표정과 몸짓으로부터 감정 상태를 인식하는 것이 필요하다. 대화를 이해하기 위한 자연어 인식 기술도 요구된다. 최근 이러한 기술은 인공지능 및 빅데이터 기술과 융합되어 급속도로 발전하고 있으며, 2017년 10월 UN 회의에 자유로운 수준의 지적 대화가 가능한 로봇 '소피아'가 등장[72]하는 등 빠른 속도로 로봇에 적용되고 있다.

소셜 로봇을 상용화하려는 노력은 일본의 소프트뱅크사가 선도하고 있다. 소프트뱅크는 실제 감정과 표면적 감정을 구분할 수 있는 기술을 개발하고, 이를 클라우드 기반으로 로봇 간에 공유함으로써 인간의 복잡한 감정을 더욱 정교하게 인식하고 반응할 수 있도록 로봇을 학습시키고 있다. 자연어 인식에 대해서는 IBM사의 왓슨(Watson) 기술을 도입하여 음성 대화를 통해 감성적 교감이 가능한 소셜 로봇 페퍼(Pepper)를 출시하였다. 현재 페퍼는 양판점에서 상품을 홍보하고 상점을 안내하는 일을 수행하고 있으며, 병원에서 사전문진 서비스, 고

---

[72] http://www.irobotnews.com/news/articleView.html?idxno=11949

령자 레크리에이션 서비스를 제공하는 등 한층 업그레이드되고 있다. 다음의 표[73]는 페퍼의 기술적 사양을 보여준다.

| 사양 | - 높이 1.2m, 무게 23kg, 20ro 모터로 관절과 손, 머리 동작 가능(2족 보행은 불가능)<br>- 카메라, 마이크, 센서, 가속도계로부터 입력된 정보를 처리해 독자적인 감정과 행동 양식 생성<br>- 가슴 부위에 부착된 디스플레이 화면에 감정을 스스로 표현 |
|---|---|
| 기능 | - 인공지능과 통신 기능을 탑재한 감성 로봇으로 스마트폰처럼 앱을 설치할 수 있고 인터넷 클라우드 시스템 등과 연계 가능<br>- 앱스토어를 통해 현재 사진 일기, 음성 게임, 인터넷 정보 획득, 메시지 전달 등 200여 개 앱 지원<br>- 감정 엔진(Emotion Engine)을 통해 인간의 느낌을 인식하고 흉내 내며, 이용자와 시간을 보낼수록 새로운 지식·기술을 학습하고 다른 페퍼들과의 클라우드 연계를 통해 새로운 기능 습득도 가능<br>- 현재 일본어·영어·스페인어·프랑스어 지원, 향후 더 많은 언어와 앱 추가 예정 |
| 유통 | - 본체 가격은 19만 8,000엔이며 매월 데이터 비용 1만 4,000엔, 보험료 9,800엔 별도<br>- 2015년 6월 20일 판매 개시 1분 만에 초기 출하량 1,000대 완판<br>- 알리바바 등 인터넷 쇼핑몰을 통해 전 세계 판매 계획(유럽, 중국 예정) |

## 인간과 교감하는 감성 로봇

일본 SONY도 11년 만에 사업을 접었던 로봇 강아지 '아이보'를 LTE 통신 기능과 인공지능이 탑재된 업그레이드 버전으로 내놓았다. 이전 제품보다 다양한 감정표현이 가능하고, 23개의 확장된 관절로 더욱 기계적으로 안정되고 부드러운 움직임을 보여준다. 주인과 하이파이브를 할 정도로 상호교감 된 동작이 가능하다고 한다.[74]

미국의 MIT에서도 2017년 9월 감성 상호작용 기술과 클라우드·빅데이터 기술을 활용하여 최초의 가족 로봇 개념의 소셜 서비스 로봇인 JIBO를 출시하

---
73) 스트라베이스(2015.6.30), Kisdi 재인용(2016.7)
74) http://news.mk.co.kr/v2/economy/view.php?year=2017&no=767875

였다.[75] 출시 전부터 국내 LG유플러스 등을 통해 수천만 불을 펀딩받으며 관심을 끌었으나, 계획보다 늦게 출시되면서 그 성공 가능성에 의문이 제기되고 있다. 프랑스에서도 Buddy라는 소셜 로봇이 출시되었고, 국내에서는 퓨처로봇에서 소셜 로봇을 출시하고 있다.

소셜 로봇은 가정과 같은 개인 서비스 환경에서 사용되기 위해 필요한 기본적인 상호작용 기술을 담은 로봇이다. 그렇기 때문에 향후 개인용 서비스 로봇의 시장 확대 속도는 소셜 로봇의 성공 여부에 달려있다고 본다.

### 의사를 도와주는 수술 로봇

의료용 로봇은 로봇 기술을 이용하여 집도의의 수술을 보조하는 수술 로봇, 재활을 돕는 재활 로봇과 간호사나 간병인의 작업을 보조하는 간호 로봇, 그리고 의사의 회진을 돕는 원격 진료 로봇 등으로 분류된다. 의료용 로봇은 전 세계적인 고령화·웰빙 추세와 재난의 대형화·복합화 등으로 선진국을 중심으로 수요가 빠르게 증가할 것으로 전망되는 분야이다.

그중에서 수술 로봇은 로봇 기술이 매우 성공적으로 도입된 분야 중 하나이다. 복강경 수술 로봇은 세계적으로 가장 활발히 시장 확산 중인 단계에 있으며, 정형외과 및 신경외과 수술 로봇 분야는 초기 시장 개척 단계에 있다. 아직까지 수술 로봇은 미국 중심으로 시장이 형성되어 있으나, 유럽과 아시아에서도 곧 시장이 급성장할 것으로 전망되고 있다.[76]

복강경 수술 로봇 중 대표적인 로봇인 미국 Intuitive Surgical사의 다빈치(daVinci) 수술 시스템은 세계 수술 로봇 시장의 80% 이상을 점유하고 있다. 국내에

---

75) http://www.irobotnews.com/news/articleView.html?idxno=11770
76) http://news.kotra.or.kr/user/globalAllBbs/kotranews/album/2/globalBbsDataAllView.do?dataIdx=143212&column=title&search=&searchA

도 2016년 현재 52대가 도입되어 있는 등 세계적으로 성공한 수술 로봇이다.[77] daVinci 수술 시스템의 성공에 힘입어 복강경 수술뿐만 아니라 두경부, 혈관·신경, 안과 및 심장혈관 중재 시술 등 다양한 수술 분야에서 로봇 기술을 활용하려는 시도가 이어지고 있다. 최근에는 기존 업체들이 보유하고 있던 수술 로봇 핵심 특허들이 15년을 경과하여 차례로 만료될 예정이며 이에 따라 후발 의료기기 업체들이 M&A를 통해 수술 로봇 시장에 활발히 신규 진출할 것으로 전망된다.

국내에서도 다양한 수술 로봇이 상용화 준비 중이다. 미래컴퍼니에서는 복강경 수술 로봇을 국산화 개발하여 2017년 말에 임상까지 성공적으로 수행한 후 상품화하였으며, 고영테크놀러지에서는 의료 영상 기반의 신경외과 수술 로봇을 2016년 12월 식약처 승인을 받고 임상시험 중에 있다.[78] 서울 아산병원에서는 바늘 가이드형의 중재 시술 로봇을 산학 협동으로 개발하여 상용화 단계를 밟고 있으며, 현대중공업의 의료로봇사업부를 인수한 큐렉소는 정형외과 수술 로봇과 중재 시술 로봇 등의 상용화를 준비하고 있다. 향후 몇 년간 국내외 다양한 수술현장에서 수술 로봇들의 활약이 기대된다.

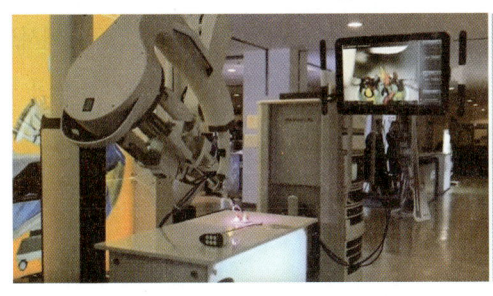 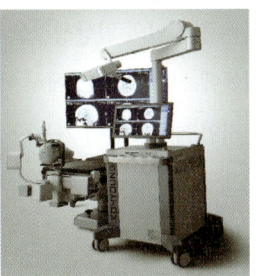

77) http://news.joins.com/article/19409225
78) http://www.irobotnews.com/news/articleView.html?idxno=10135

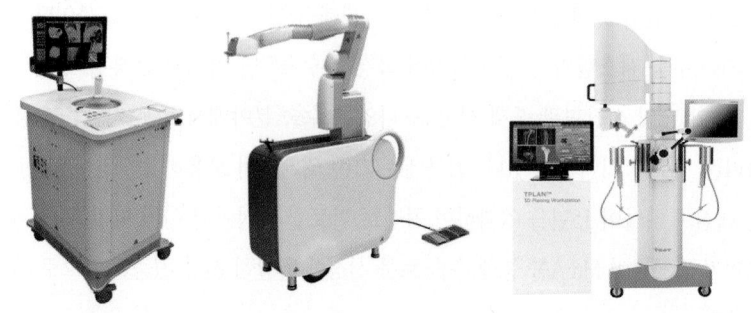

## 환자를 돕는 재활/간호 로봇

재활 로봇은 로봇 기술을 이용하여 장애인이나 고령자의 정상생활 복귀를 돕는 로봇이다. 재활은 크게 하지 재활과 상지 재활로 나뉜다. 하지 재활을 예로 보면 장기 보행 불편 환자의 보행 의도를 감지하여 다리를 움직이는 것을 도와 보행이 가능하도록 돕는 것과 일시적인 장애를 보다 빠르게 극복할 수 있도록 단기 재활훈련을 돕는 것 등이 있다. 재활 로봇 분야에서는 스위스의 Hocoma 등에서 재활훈련을 돕는 로봇이 출시되었고 Rewalk, Cyberdyne 등에서 장애인의 일상생활을 돕는 착용식 재활 로봇이 출시되었다.[79] 국내에서도 피엔에스미캐닉스사에서 개인별 맞춤형 보행 패턴을 제공하여 반복적이고 집중적인 재활훈련이 가능한 보행 재활 로봇을 상용화하였다.[80]

---

[79] https://asia.nikkei.com/Business/Companies/Cyberdyne-s-robotic-leg-suit-headed-to-massive-US-medical-market
[80] http://www.irobotnews.com/news/articleView.html?idxno=3863

간호사·간병인의 물리적인 간호 서비스를 보조하고, 간호 관리 업무를 보조하기 위한 로봇으로 간호·간병 로봇이 있다. 특히 큰 힘이 필요한 물리적 간호 분야에 로봇 기술에 대한 수요가 많다. 환자의 이동과 이송을 보조하고, 지체부자유 환자의 자세 변경 및 배변 보조 등 물리적 간호·간병 업무에 활용이 예상되고 있다. 일본의 후지소프트는 가정용 커뮤니케이션 로봇으로 간병 로봇 팔로(Palro)를 개발해 2017년 12월부터 시판에 나섰다. 후지소프트는 노인 복지 센터에 집중적으로 로봇을 공급하고, 연내에 1,000개의 노인 복지시설에 팔로를 보급할 계획이다.[81] 독일의 쿠카 로봇을 인수한 중국 메이디 그룹도 2016년 3월 의료 및 간호 로봇 분야 합작 기업을 중국 현지에 설립하여 재활 지원 로봇 개발을 추진하고 있다.[82] 국내에서는 유도스타㈜에서 이동 및 식사 보조 등의 서비스 제공이 가능하고 낙상 등에 대한 환자 모니터링이 가능한 간호·간병 로봇을 연구 개발하고 있다.

## 국민을 지켜주는 국방/경비 로봇

국방 및 경비 분야는 향후 로봇 기술의 발전이 가장 먼저 반영될 곳 중 하나로 점진적으로 시장이 확대될 것으로 전망되는 분야이다. 국방 분야는 인명의

---

81) http://www.irobotnews.com/news/articleView.html?idxno=11794
82) http://www.irobotnews.com/news/articleView.html?idxno=11797

손실을 최소화하는 것이 절실히 요구되는 분야인 만큼 로봇이 병사를 대신하여 폭발물을 처리하거나 감시정찰 업무를 수행하고, 위험 지역에서 수송 및 병사 지원 작업을 수행할 수 있다. 대표적인 국방 로봇으로는 미국의 iRobot사가 무인 감시정찰을 할 수 있는 Packbot을 개발하여 이라크진에 투입하는 등 시장에 성공적으로 진입[83]하였으며, 이스라엘의 가디엄 무인 감시정찰 로봇 등도 실전에 활용되고 있다. 경비 로봇으로는 K5로 유명한 실리콘밸리 스타트업 나이트 스코프(Knightscope)가 최근 K1 고정 로봇과 K7 4륜 카트 등 2가지 새 모델을 선보였다. 높이 152cm, 길이 305cm의 K7은 잔디, 자갈, 모래 및 기타 까다로운 지형을 순찰하도록 4륜 카트 형태를 갖는다.[84]

K1은 자율적으로 탐색하며 일련의 센서 및 카메라로 오디오 및 비디오를 인간 모니터링 요원에게 전달한다. 또한 밀리미터파 기술을 이용해 숨겨진 무기 및 기타 금속 제품을 스캔하고 병원 및 공항에서 사용될 수 있다. 주력 상품인 K5는 바퀴 달린 타워형 로봇으로 현재 수십 개의 캘리포니아 주차장과 해안가에서 순찰 업무를 하고 있다. 그러나 치명적인 자율 무기 체계,[85] 일명 '살인 로봇(LAWS)'이란 스위치가 한번 켜지면 인간의 명령 없이도 목표물을 자율적으로 선택해서 살상할 수 있다는 우려도 제기되고 있다. 따라서 매년 스위스 제

---

83) http://www.irobotnews.com/news/articleView.html?idxno=5454
84) http://www.irobotnews.com/news/articleView.html?idxno=11805
85) 자율 무기 체계(Lethal Autonoumous Weapon System)

네바에서 개최되는 유엔의 특정 재래식 무기협약(CCW) 정부 전문가 회의(GGE)에서 LAWS를 통제하는 국제법을 검토하고 있다.[86]

## 재난으로부터 보호하는 재난 로봇

민수(民需) 분야에서도 재난 현장에서 인명 피해 감소 및 비용 절감이 가능한 인명 탐색 · 구조, 시설물 검사 · 유지 · 보수 등에 로봇을 활용하고 있다.

2011년 일본, 동아시아 대지진 여파로 후쿠시마 원전 폭발사고가 있었다. 당시 투입된 로봇들은 엄청난 방사능 때문에 전자회로가 오작동을 일으키거나 잔해더미에 막혀 원자로 핵심 부분에 접근하지 못했다. 최근에야 원자력 발전소 조사를 위하여 빙어낚시형 로봇인 'P모프'와 수중 유형 로봇인 '미니-만보' 로봇이 투입되어, 격납용기 내부에 흘러내리는 핵연료 파편을 발견한 바 있다. P모프는 기존에 투입되었던 뱀형 로봇이 조사한 받침대[87]의 1층 부분을 주행하며 카메라와 선량 센서를 낚시질하듯이 떨어뜨려 지하층을 조사한다.[88] 도쿄전력이 새로 투입한 미니-만보 로봇은 방사능에 내성을 갖는 재료로 만들어졌으며, 복잡한 잔해물도 피할 수 있도록 개량된 센서를 탑재하고 작은 프로펠러를 갖고 있어 드론처럼 물속을 유영할 수 있도록 설계되어 있다.[89]

## 유통비즈니스를 혁신하다

최근 아마존에서는 점원이 없는 무인점포(AMAZON GO)를 시험적으로 도입하고 있다.[90] 무인점포를 위해서는 고객이 집어서 가방에 담는 물건에 대해 파악하

---

86) http://www.econovill.com/news/articleView.html?idxno=326619
87) 압력용기를 지지하는 원통형 구조물
88) http://www.irobotnews.com/news/articleView.html?idxno=9835
89) http://www.irobotnews.com/news/articleView.html?idxno=12291
90) http://wz.koscom.co.kr/archives/1515

고 계산하는 지능도 필요하지만, 선반에 있는 상품의 상태를 지속적으로 파악하고 재고를 관리하여 소매점 업무를 자동화하는 기술이 필요하다. 이러한 기능을 할 수 있는 로봇이 선반 재고 관리 로봇이다. 로봇 스타트업인 심비 로보틱스(Simbe Robotics)는 슈퍼마켓, 편의점, 대형 유통점 등 소매 매장에서 선반에 놓인 상품의 진열 상태와 재고 여부를 파악해 소매점 업무를 자동화해주는 자율주행 로봇 탤리(Tally)를 개발하였다.[91] 탤리는 사전에 입력된 매장 지도와 상품 데이터를 기준으로 자율적으로 이동할 수 있으며, 4개의 카메라를 이용해 선반의 물건 진열 상태와 재고 여부를 실시간으로 파악하고 최대 8피트 높이까지 스캔 가능하다.

카네기 멜론대학에서 분사한 로봇 기업 보사노바(Bossa Nova)가 개발 중인 로봇[92]은 소매점 판매대에 진열된 상품 관리를 담당한다. 이 로봇은 다수의 카메라나 센서를 통해서 매장 내 정보를 수집한다. 상품이 모자라거나 가격이 잘못 표시되었는지 여부와 안내판이 적절히 게시되고 있는지 여부를 확인한다. 데이터는 매장관리팀에게 전송되며 필요하면 스태프가 상품을 재배치하거나 라벨을 변경한다. 이 회사는 2013년부터 로봇을 월마트 등 현장에 투입하고 기술을 향상해 왔다. 이 로봇은 공간 정보를 거의 실시간으로 파악하고 각 매장 상황에 따라 대응하고 있다. 로봇의 활용을 통해서 온라인으로 고객 데이터를 획득하고 분석하는 것이다. 매장에서의 오프라인 쇼핑과 e 커머스를 통한 온라인 쇼핑을 매끄럽게 관리하면서 소비자는 온라인, 오프라인, 모바일 등 다양한 경로를 넘나들며 상품을 검색하고 구매할 수 있다.

---

91) http://www.irobotnews.com/news/articleView.html?idxno=9662
92) http://betanews.heraldcorp.com:8080/article/765827.html

쇼핑업계에서도 뛰어난 보행 능력 인공지능을 겸비한 휴머노이드형 쇼핑 도우미 로봇에 대한 투자가 한창이다. 디지털 기술을 접목한 맞춤형 소비 트렌드로 진화하면서 '차별화된 경험'을 함께 제공해야 살아남을 수 있는 시대에 인공지능(AI) 활용은 선택이 아닌 필수가 되고 있다. 국내에서도 롯데·신세계 등 국내 주요 유통 대기업들이 소프트뱅크의 페퍼 등 진일보한 휴머노이드 로봇을 도입하려는 경쟁이 치열하다.[93] 앞으로 로봇 기술은 재고를 파악하는 인공지능 기술과 결합하여 매장의 풍속도를 급진적으로 바꾸어 놓을 것으로 전망된다.

### 큰 시장을 형성할 물류 로봇

4차 산업혁명의 물결이 전통적 물류 산업의 패러다임을 바꾸고 있다. 빅데이터를 활용해 택배 배달 상황을 실시간으로 파악하는 관제 시스템과 물류창고 내 물품을 직접 운송·관리하는 인공지능(AI) 자율주행 로봇, 높은 공간에 있는 재고를 파악하는 드론, 물류 관리 직원의 동선을 인도하는 내비게이션 등 최첨단 기술이 동원된 스마트물류 대혁명이 급물살을 타고 있다.[94] 물류 로봇은 물류 센터나 공장 등에서 IoT 기술과 자율주행 기술, 학습을 통한 환경 인식, 상황 인식, 경로 계획 등 인공시능 기술과의 융합을 통해 물류의 효율을 향상하고 있

---

93) http://news1.kr/articles/?3155140
94) http://www.fnnews.com/news/201711191720225696

다. 물류의 특성상 서비스 로봇이라 볼 수도 있지만, 공장과 같은 제조 환경에서도 필요하기 때문에 물류 로봇은 전문 서비스 로봇으로 분류된다. 특히 온라인 쇼핑 시장이 급격히 성장함에 따라 비제조 환경에서 물류 로봇의 비중이 지속적으로 증가하고 있다. 구글, 아마존 등 굴지의 글로벌 IT 기업들은 이미 현장에 물류 로봇을 도입하고 있다. 국제 로봇 연맹(IFR)[95]에 따르면 2016년~2019년 전문 서비스 로봇 시장의 53%를 물류 로봇이 차지할 것으로 예측하고 있다. 즉, 물류 로봇을 전문 서비스 로봇 중 가장 유망한 분야로 뽑고 있는 것이다. 특히 인터넷 쇼핑을 통한 물건 구매가 크게 늘어남에 따라 비제조 환경에서 물류 로봇의 비중이 날로 커지고 있는데, 2015년 기준으로 비제조 환경에서의 물류 로봇 비중은 전체 물류 로봇 시장에서 82%를 차지할 정도이다. 2019년에는 90%로 더욱 성장할 것이라고 이 보고서는 예상한다.

아마존 KIVA 시스템 로봇 　　　　중국 STO 익스프레스 하이크비전 로봇

## 택배는 로봇 손에 맡겨라

최근 들어 중국이 글로벌 최대 인터넷 소매 대국으로 부상하면서 중국에서의 우편 및 택배 산업이 폭발적으로 성장하고 있다. 중국은 2017년 2분기부터 '1일 택배량 1억 건' 시대에 진입하였고, 택배 사업 업무량은 5년 연속 50%가 넘

---

[95] http://www.econovill.com/news/articleView.html?idxno=326619

는 성장세를 이어가고 있다. 시장 규모는 2014년부터 전 세계 1위를 유지하고 있다.[96]

　물류 로봇은 물류 센터뿐 아니라 병원, 요양원, 호텔 등 대형 건물에서 물류 이송과 재고 관리 등에도 적용이 가능하다. 국내에서도 유진로봇에서 병원 물류 로봇인 고카트를 개발하여 상용화를 준비하고 있으며, 국외에서도 병원, 호텔 등에서 물류를 담당하는 로봇들이 속속 등장하고 있다.

　물류는 실내에만 존재하는 것이 아니다. 최근 미국에서는 피자를 배달하는 로봇이 등장하였다. 자율주행을 통해 점포에서 배송지까지 이동하고 주문자 확인을 통해 피자를 고객에게 전달한다.[97] 이러한 분야를 라스트 배송이라고 하며, 다수 고객의 물품들을 각 지역의 말단 거점까지 차량으로 이송한 후 개별 고객에게는 이동 로봇이나 드론을 이용하여 배송하는 방식이 개발되고 있다. 아마존에서는 드론을 이용하여 창고에서 수 마일 이내의 거리를 30분 이내에 배송하는 서비스를 개발하고 있으며,[98] DHL에서는 산악 지역 등 차량 이동이 어려운 지역에서 긴급 의료품을 배송할 수 있는 시스템을 개발하여 시범 운영에 돌입하였다. 일손 부족으로 어려움을 겪고 있는 중국의 택배 업체들도 로봇과 드론을 배송 현장에 속속 도입하고 있다.[99]

　택배 물류 로봇은 자율 차, IoT 기술과 함께 물류 산업 전반의 산업 지형을 바꿀 것으로 예상되며, 앞으로 발전 가능성이 매우 높을 것으로 평가되고 있다.

---

96) http://www.econonews.co.kr/news/articleView.html?idxno=12766
97) http://www.irobotnews.com/news/articleView.html?idxno=7106
98) http://www.irobotnews.com/news/articleView.html?idxno=5392
99) http://www.asiatoday.co.kr/view.php?key=20171119010010054

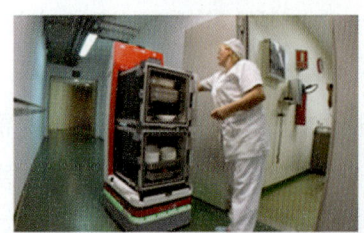
유진로봇의 병원 물류 로봇

아마존 드론 배송

# 5

# 우리의 경쟁국은 어떻게 움직이고 있나?

**정부 주도로 급속하게 성장하고 있는 중국 로봇 산업**

 몇 년 전까지만 해도 로봇 산업의 국가별 동향을 논할 때 항상 미국, 일본, EU, 그리고 한국의 순서로 동향을 살펴보고는 하였다. 그러나 세계의 제조공장으로 떠오른 중국은 로봇 활용에서도 무섭게 로봇 선진국들을 따라잡기 시작하였고, 급기야 2013년 일본을 제치고 세계 1위의 제조용 로봇 시장으로 급부상하였다.

 중국은 2014년 '로봇 혁명'을 선언한 바 있다. 당시 시진핑 국가주석은 중국과학원 연설에서 "중국 로봇 산업의 기술과 생산력을 향상하여 로봇 시장을 지배해야 한다."며 로봇 산업의 육성을 국가정책의 주요 의제로 뽑았다. 중국은 4차 산업혁명의 핵심이 로봇 산업에 있다고 보고, 로봇 산업 육성에 집중투자를 하고 있다. 현재 중국의 로봇 시장 규모는 세계 최대일 뿐 아니라 성장률 면에서도 5년 평균 36%로 최고의 평균성장률을 보인다.[100] 국제 로봇 연맹(IFR)에 따르면, 2016년 한 해 중국에서 판매된 로봇은 9만여 대로 유럽 전체(5만 대)보다 크고 우리나라(3만 8천 대)의 2.5배 규모이다. 2016년에는 사상 최초로 10만 대를 넘을 것으로 전망되었다.[101]

세계 최대의 시장으로 성장한 중국의 내실은 어떠할까? 로봇 기술은 정밀 기계 산업과 그 유형이 비슷하여 자국 시장점유율은 30% 내외이다. 주로 일본과 독일의 수입에 의존하고 있다. 그러나 오는 2020년까지 세계 로봇 시장의 50% 점유를 목표로, 앞으로 3년간 학계와 기업의 로봇 기술개발에 약 68조 원을 집중 투입할 계획으로 알려져 있다. 따라서 해외 전문가들은 중국이 기술적인 면에서도 향후 5년 이내에 로봇 선진국들을 따라잡을 것으로 보고 있다.

낮은 인건비와 넘치는 자원과 인력으로 세계의 공장이 된 중국이 이처럼 로봇 산업에 공을 들이는 이유는 무엇일까? 최근 중국은 25년간 평균 10%에 육박하는 수준의 고속 성장을 지속한 반면에 경제성장률보다 더 높은 인건비 상승을 겪고 있다. 물론 아직도 선진국의 인건비에 비하면 낮은 편이지만, 더 이상 낮은 인건비가 중국의 제조경쟁력의 원천이 아닌 것이다. 또한 지난 35년간 유지하다 2015년에야 폐기한 1가구 1자녀 정책으로 인해 중국은 향후 20년간 노동 가능 인구가 지속적으로 감소할 수밖에 없는 구조로 되어 있다.[102] 이로 인하여 중국 역시 지역별로 심각한 노동력 부족 현상을 겪고 있다.

---

100) http://www.etnews.com/20140602000071
101) http://www.irobotnews.com/news/articleView.html?idxno=11104
102) http://www.indexmundi.com/china/age_structure.html

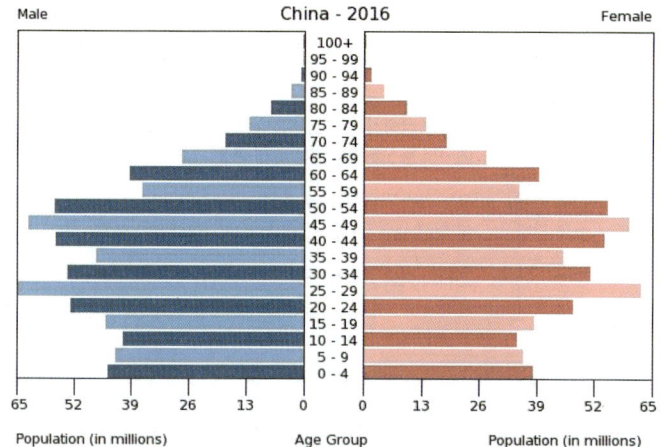

　　이러한 상황 속에서 세계의 제조공장을 넘어 제조 강국으로 발돋움하기 위하여 중국은 2015년 제조 2025 계획을 수립하고, 로봇을 포함한 스마트 제조 프로젝트를 추진하고 있다. 2016년에는 공업신식화부, 국가발전개혁위원회, 재정부 공동으로 우리의 '지능형 로봇 기본 계획'과 유사한 '로봇 산업 발전 계획'을 발표하고 로봇 산업을 전략적으로 육성하고 있다.[103] 또한 중국의 지방정부들은 중앙정부의 로봇 산업 육성정책에 발맞추어 각 시·성 단위에서 경쟁적으로 로봇 산업 육성정책을 추진하고 있다.[104]

---

103) http://www.irobotnews.com/news/articleView.html?idxno=7272
104) http://www.etnews.com/201311180874

| | | |
|---|---|---|
| 주요<br>내용<br>(5) | 10대 핵심<br>로봇 분야<br>육성 | 용접, 진공 청소, 코딩, 협업(Collaborative) 로봇, 로봇팔, 이송 로봇(AGV), 소방 구조, 수술, 공공 서비스, 간병 등 10대 핵심 분야 로봇 발전 촉진 |
| | 핵심 부품<br>발전 촉진 | 고정밀 감속기, 고성능 서보모터 및 드라이버, 제어 장치, 센서, 엑추에이디 등 5대 핵심 부품 발전 촉진 |
| | 산업 기초<br>능력 강화 | 로봇 기반 기술(Generic Technology) 연구 및 표준화 시스템 구축, 로봇 혁신 센터 및 국가 로봇 테스트·평가 센터 설립 |
| | 응용 분야<br>확대 | 조업의 중요 영역을 중심으로 한 시범 활용 확산뿐만 아니라, 재난·재해 구조, 의료·재활 분야와의 응용 확대 / 로봇 시스템 통합 업체와 종합 솔루션 서비스 업체 육성 |
| | 핵심 기업<br>육성 | 인터넷 기업과 전통 로봇 기업 간의 융합 촉진, 중소기업 대상 로봇 보급 확대 추진 |
| 정책적<br>지원<br>(6) | 통일적<br>계획 및 자원<br>통합 강화 | 다양한 부서의 자원과 역량을 결집하여 지역 산업 정책에 대한 지도 강화 및 생산 요소 결집 |
| | 재정적<br>지원 확대 | 로봇 및 관련 핵심 부품의 연구 개발, 산업화 지원을 위한 다양한 정책 수단 활용 |
| | 투자 및<br>자금 경로<br>확대 | 조건에 부합하는 로봇 기업의 금융, 인수합병 지원<br>금융기관이 로봇 산업의 특성에 맞는 상품과 업무를 만들 수 있도록 안내<br>로봇 임대 모델 보급 |
| | 우호적<br>시장 환경<br>조성 | 제조업용 로봇 산업의 표준화된 규범 제정 및 신뢰할 수 있는 로봇 인증 시스템 개발 |
| | 인적 역량<br>강화 | 로봇 산업 인재 육성을 위한 직업훈련 및 전문학과 신설 등을 통한 로봇 교육 강화 |
| | 국제<br>교류<br>협력 확대 | 정부, 기업 등의 다양한 경로를 통해 기술, 표준, 지적 재산권, 품질인증 등 다방면의 국제적 교류·협력 체계 구축 |

　　제조 로봇뿐 아니라 서비스 로봇에 대한 투자도 시작되고 있다. 2016년 중국 서비스 로봇 시장 규모는 이미 72.9억 위안(약 1조 2,019억 7,520만 원)에 이르며 이는 전년

대비 44.6% 성장한 것이다. 매킨지에 따르면 2025년 글로벌 서비스 로봇은 매년 1.1~3.3조 달러의 경제 효과를 창출할 것이며 중국이 세계 시장의 70%를 점유할 것으로 보고 있다.[105] 이에 중국에서 서비스 로봇 시장에 뛰어드는 회사도 늘어나고 있으며 윈지테크놀러지를 비롯해 요고로봇(YogoRobot), 킨론(KEENLON) 등 전문 로봇 기업들이 호텔, 은행, 정부 기관 등의 공공장소를 포함해 다양한 장소에 로봇을 납품하고 있다.

서비스 로봇의 핵심 기술에 해당하는 AI 기술에 대해서 중국은 이를 차세대 성장동력으로 지정하고, 막대한 자금을 쏟아붓고 있다. 중국은 2030년까지 AI 혁신 센터를 구축할 계획이다. 시진핑(習近平) 국가주석도 지난 19차 중국 공산당 전국 대표대회(당대회) 개막 연설에서 "인터넷과 빅데이터, AI 기술이 미래 중국의 핵심 기술이 될 것"이라고 강조한 바 있다. 또한 중국 정부는 바이두, 알리바바, 텐센트, 아이플라이텍 등 중국을 대표하는 글로벌 IT 기업 4곳을 참여시켜 'AI 국가대표 드림팀'을 구성했다. 중국 과학기술부(SCMP)는 이들 4개 기업이 개발한 AI를 모든 중국 기업에 공개해 기술개발을 앞당기는 모멘텀으로 삼을 계획이라 밝혔다.

중국의 로봇 산업 육성정책에 있어 실질적으로 다른 나라들과 차별화되는 정책은 크게 두 가지가 있다. 첫 번째는 자국 시장의 규모를 이용하여 세계 유수의 로봇 기업들로 하여금 자국 내에서 로봇을 제조하도록 하는 것이다. 제조 산업의 특성상 공장 설립에 따른 지역적 파급 효과가 매우 크며, 이들 선진 로봇 기업들의 제조 노하우는 점차 중국의 제조 로봇 기업들에 전파될 것이라 보는 것이다. 두 번째는 중국 특유의 산업 구조를 이용하고 있다는 것이다. 중국의 지방 정부들은 해당 지역의 기업에 대한 영향력이 매우 높으며, 정책적으로

---

105) http://www.zdnet.co.kr/news/news_view.asp?artice_id=20171120094339

기업 활동을 제어하는 것이 가능하다. 이를 통해 통상적인 산업 구조에서 10년 이상 걸릴 수도 있는 산업생태계를 몇 년 만에 정책으로 조성하려는 것이다. 로봇 부품 기업과 로봇 생산 기업, 그리고 로봇을 활용할 기업들 간에 영향력을 행사하여 초기에 품질이 좋지 않아도 사고파는 시장이 형성되도록 하고 짧은 시간 동안 대량생산을 통해 경쟁력을 확보할 수 있도록 하는 정책이다. 중국은 이러한 정책적 지원을 통하여 세계 최대 로봇 시장을 넘어서 세계 최고의 로봇 산업국으로 발돋움하려 하는 것이다.

### 로봇 기술의 종주국 미국

제조용 로봇 기술은 미국에서 시작되었다. 1959년 조지 디볼과 조셉 엥겔버거는 유니메이트[106]라는 로봇을 만들어서 GM에 판매하였다. 활용 목적은 사람이 취급하기 위험한 뜨거운 주조물을 로봇팔을 이용하여 냉각시키는 것이었다. 미국에서 시작된 제조용 로봇은 산업적으로 독일과 일본에서 더욱 꽃을 피웠다. 특히 일본은 싸고 좋은 자동차를 만들기 위해 적극적으로 로봇 기술을 활용하였고, 이를 기반으로 제조용 로봇 강국으로 성장하였다.

미국의 로봇 도입이 상대적으로 부진했던 원인은 높은 도입 비용으로 인하여 굳이 로봇을 도입하지 않아도 되던 시기가 있었기 때문이다. 또한 자동차 분야에서 로봇 도입 비용이 인건비와 비슷해질 때 쯤에는 미국의 자동차 산업이 고전을 면치 못할 때였다. 이러한 이유로 로봇 활용에 있어서 미국은 독일이나 일본에 결정적으로 뒤처지게 되었고, 결국 제조용 로봇 기술에서도 최고의 자리를 위협받게 된다.

---

106) https://en.wikipedia.org/wiki/Unimate

제조 로봇을 이야기할 때 닭이 먼저냐 달걀이 먼저냐는 이야기가 있다. 즉, 제조 로봇이 성공하려면 훌륭한 제조 시설이 있어야 한다는 논리는 닭이 있어야 달걀이 있다는 논리이고, 훌륭한 로봇 기술이 있어야 제조공장이 성공한다는 논리는 달걀이 있어야 닭이 있다는 논리이다. 이 두 가지 요소는 서로 맞물려서 떼려야 뗄 수 없는 직결적 관계이다. 현장에서 계속 기술이 요구되고, 그 요구(VoC)를 반영하여 로봇 제품에 계속 새로운 기능이 추가되고 새로운 기술이 적용될 때 로봇 기술은 선순환적으로 발전한다. 이는 마치 축구를 많이 해본 선수가 더욱 기량이 올라가는 논리와도 같다. 이때 제조 환경을 완전 무인화하려는 경영자의 의지가 무엇보다도 중요하다. 미국의 예를 보면 노동력, 즉 인건비의 상승이 제조경쟁력을 무너뜨렸고, 미국의 가전 산업, 자동차 산업 등의 노동집약적 산업이 쇠락하여 중국으로 이동되었다.

그러나 이제 상황이 다시 바뀌고 있다. 바로 '인간 협업 기술'이라는 새로운 형태의 로봇 기술개발로, 예전에는 불가능해 보였던 로봇과 인간이 함께 협업하는 생산공정이 가능해져 생산성이 올라가기 시작한 것이다. 이러한 새로운 자동화 트렌드는 다시 리쇼어링, 즉 미국 제조업의 부흥, 부활로 이어지고 있다.

사실 미국은 로봇 기술에서는 최고의 자리를 놓친 적이 없다. 제조용 로봇 산업은 독일과 일본이 주도하고 있지만, 정밀한 모션 제어, 첨단 센서, 그리고 미래의 제조현장을 책임질 협동 로봇과 인공지능에 이르는 첨단 핵심 기술은 여전히 미국이 세계 최고 수준이다. 산업적인 면에서도 미국은 이미 제조용 로봇 분야를 제외한 서비스 로봇 분야에서 선두를 지키고 있다. 수술 로봇 시장을 독점하고 있는 Intuitive Surgical사의 daVinci 시스템,[107] 청소 로봇 시장의 개척자이자 시장 지배자인 iRobot사의 Roomba,[108] 대형 물류창고의 무인화를 앞당기

---

107) https://en.wikipedia.org/wiki/Da_Vinci_Surgical_System
108) https://en.wikipedia.org/wiki/Roomba

고 있는 Amazon의 KIVA 시스템,[109] 소형 국방정찰 로봇인 iRobot사의 Packbot[110] 등 서비스 로봇 분야에서 선도적인 기업들을 보유하고 있다. 세계 최고의 기술을 바탕으로 Boston Dynamics, Jibo, Rethink Robotics, Savioke 등 해마다 수십 개의 로봇 스타트업이 새로이 생겨나고 있다. CB 인사이츠에 따르면 미국에서 로봇 분야의 벤처 캐피털 투자는 2015년에만도 5억 8천만 달러를 넘어섰다[111]고 하니 열기가 어느 정도인지 알 수 있다.

미국 정부도 로봇 산업을 국가적으로 지원하고 있다. 2011년 6월, 제조업 부흥을 위한 첨단 제조 파트너십(AMP)의 일환으로 국가 로봇 계획(National Robotics Initiative)을 수립한 바 있으며, 특히 인간과 공존할 수 있는 Co-robot 기술에 집중투자하고 있다. 2013년에는 하원 의회에서 초당적으로 구성된 로보틱스 자문위원회(Robotics Caucus Advisory Committee)는 6개 분야에 대한 로봇 개발 계획[112]을 발표하는 등 로봇 분야에 지속적인 관심을 보이고 있다.

미국은 막대한 투자력과 최고 수준의 기술력을 보유하고 있다. 이에 더해 연방 정부의 관심이 집중되는 만큼 미국의 로봇 산업은 다시 한번 꿈틀대고 있는 것이다.

| 분야 | 개발 목표 |
| --- | --- |
| 제조업 | • 공장까지 재료 운반, 창고나 유통시설에서의 수송, 자율주행차의 안전운전 실증, 사람의 손·팔과 동일한 조작이 가능한 손 로봇<br>• 사람과 협동 작업을 하는 로봇 개발 |
| 의료 | • 고도의 수술을 지원하는 로봇 개발<br>• 외과 수술로밖에 도달할 수 없는 체내 부위를 치료하는 소형 로봇 |

---

109) https://en.wikipedia.org/wiki/Amazon_Robotics
110) https://en.wikipedia.org/wiki/PackBot
111) http://www.sciencetimes.co.kr/?news=美·中-로봇-산업에-대대적-투자
112) A Roadmap for U.S. Robotics From Internet to Robotics

| 헬스케어 | • 멀리 거주하는 환자에 대한 진찰을 목적으로 한 로봇<br>• 재활 지원 로봇 |
| --- | --- |
| 서비스업 | • 이동성 기능을 갖는 서비스 로봇의 안전성 향상<br>• 사람의 행동을 인지, 습득하는 능력을 갖추는 서비스 로봇의 개발 |
| 우주 | • 센싱과 검지 데이터를 활용한 로봇의 장애물 회피 기능의 향상<br>• 예상외 사태에 대응하는 성능<br>• 정밀한 조작이 가능한 Arm형 로봇의 개발 |
| 군사 | • 무인기로 수집된 데이터를 바탕으로 목표의 위치나 위협을 파악하는 기능의 확대 |

## 제조 로봇의 최강자 일본

일본은 독일, 미국과 함께 전 세계에서 선도적 수준의 로봇 기술을 보유한 로봇 강국이다. 제조용 로봇 시장의 60%를 차지하고 있고 2011년 후쿠시마 대지진 이후 재난 재해 대응 로봇에도 적극적으로 투자하고 있다. 어떤 의미에서 일본 국민은 로봇 홀릭에 가깝다. 50년대 '철완 아톰'에서 시작된 로봇에 대한 국민적 관심은 70년대에 이르러 세계 최초의 휴머노이드 로봇 WABOT-1 개발[113]로 현실화되었고, 1996년에는 두 발로 인간처럼 걸을 수 있는 휴머노이드가 혼다에 의해 개발되었다. 앞에서 언급한 것처럼 제조용 로봇은 최초로 미국에서 개발되었지만, 산업용 로봇은 일본 업체들의 적극적인 개발에 힘입어 크게 보급되고 확산한다.

세계적인 경제 위기가 왔던 1970년대에 일본은 오일쇼크를 극복하기 위해 생산성 향상에 집중하였고, 제조 분야에 로봇을 도입하게 된다. 1977년에는 야스카와전기에서 용접 로봇 모토맨-L10을 개발하여 숙련된 용접 전문가의 영역에도 로봇이 도입되었다. 이후 80년대를 지나며 자동차 제조 분야의 다양한 공

---

113) http://www.irobotnews.com/news/articleView.html?idxno=4606

정에 로봇 사용이 확대되면서 일본의 로봇 산업은 세계적으로 급성장하게 된다. 이 기간에 야스카와, 화낙, 나치, 가와사키 등 메이저 제조용 로봇 기업들이 육성되었고, 세계의 제조 로봇 중 70% 정도가 일본에 설치되어 활용되는 등 로봇 산업의 메카로 자리 잡게 된다. 그러나 90년대 초 일본 버블 경제 붕괴에 따라 자동차, 반도체, 디스플레이 산업 등 제조 로봇이 많이 활용되던 산업들의 성장률이 둔화하면서 일본 로봇 산업의 발전은 정체기에 들어서게 된다.

최근 일본 정부는 제조 혁신을 실현하고 제조 강국으로서의 입지를 다시 한번 확고히 하고자 로봇 기술의 진보와 보급을 적극적으로 추진하고 있다. 아베 정부는 2014년 아베노믹스 성장 전략의 핵심 정책을 담은 "일본 부흥 전략 개정 2014(2014.6월, 산업 경쟁력회의)"에 로봇을 포함하였고, 같은 해 9월 총리실 산하에 "로봇 혁명 실현 회의"를 출범하여 총 5차례 회의를 거쳐 2015년 1월 "로봇 新전략"을 발표하였다.[114] 이때 도출된 "로봇 新전략"에 따라 범정부 차원에서 로봇 산업 활성화를 위한 규제 개혁, 보급·확산, 기술개발 등이 다각적으로 추진되고 있다.

아베 정부는 2020년까지 1,000억 엔을 로봇 관련 프로젝트에 투자, 자국 로봇 시장 규모를 4배 늘어난 2조 4,000억 엔대로 확대하고 있다. 추진을 위한 구심점으로 경제산업성〉제조산업국〉산업 기계 부문 내에 로봇정책실을 설치하였고, 2015년 5월 로봇 혁명 관련 산학관 협력을 이끌 추진체로써 "로봇 혁명 이니셔티브 협의회(Robot Revolution Initiative)"를 설립하여 추진하고 있다. '생산 시스템 개혁', '로봇 활용 추진', '로봇 혁신' 등 3가지 주제에 대한 워킹그룹(WG)을 설치하고 산업경쟁력 회의 및 종합 과학기술 혁신 회의의 인공지능, IoT와도 연계하여 로봇 정책을 발굴 및 추진하고 있다. 이를 위하여 2016년 일본 정부의 로봇 예

---

114) http://www.irobotnews.com/news/articleView.html?idxno=4248

산은 294.1억 엔(약 3,000억 원) 규모로 "도입 실증", "시장화 R&D", "차세대 R&D" 등 3가지로 구분하며 내각부, 경제산업성, 농림수산성, 후생노동성, 국토교통성 등 범부처가 광범위하게 참여하고 있다. 다음의 표는 분야별 실천 계획을 보여준다.

| 구분 | 내 용 | 2020년 목표 |
|---|---|---|
| 제조 | • 부품 조립, 식품 가공 등 노동집약적 제조업 중심으로 로봇 도입 추진<br>• 로봇화가 지연되고 있는 준비공정 등에 로봇을 도입하는 한편, IT 활용을 통해 로봇 자체 고도화 도모 | • 조립 과정에서 로봇화 비율 향상 : 대기업 25%, 중소기업 10%<br>• 차세대 로봇 활용 우수 사례 30건 추진 |
| 서비스 | • 물류, 도·소매업, 음식·숙박업 등 로봇 도입 추진<br>• 우수 사례 수집과 전국 확산을 통해 지역 서비스업 일손 부족 해소, 생산성 향상을 통한 임금 상승 선순환 형성 | • 채집(picking) 및 검품에 관련된 로봇 보급률 약 30% 향상 |
| 간호 | • 이동 및 보행 지원, 배설 지원, 치매 환자 보호, 목욕 지원 등 5개 분야 개발 및 실용화, 보급 후원 | • 간호 로봇의 국내 시장 규모 500억 엔으로 확대<br>• 신규 간호 방법 등 의식 개혁 추진 |
| 의료 | • 수술 지원 로봇 등 의료기기 보급<br>• 신규 의료기기 심사 신속화 | • 로봇 기술을 활용한 의료기기 실용화 100건 이상 지원(2015-2019) |
| 인프라·재해 대응·건설 | • 건설 현장의 노동력 절감과 작업 자동화를 통해 중장기적 인력 부족에 대응<br>• 인프라 점검 등에 로봇을 활용해 기술자의 유지 관리 효율화 및 고도화 도모 | • 생산성 향상 및 노동력 절감 위한 정보화 시공 기술 보급률 30% 향상<br>• 중요·노후 인프라 20%에 대한 센서, 로봇, 비파괴 검사 기술 활용한 점검 및 보수 고효율화 도모 |
| 농림수산업·식품산업 | • 트랙터 등 농업 기계에 GPS 자동주행 시스템 등을 활용함으로써 작업 자동화 실행, 대규모·저비용 생산 실현 | • 2020년까지 자동주행 트랙터 현장 구현 실현<br>• 신규 로봇 20기종 이상 도입 |

또한 산업용 로봇 등의 활용 확대를 위하여 각종 규제를 정비하고 있다. 예를 들면, 산업용 로봇의 설치 시 기존에는 작업자의 안전 보장을 위해 로봇 주변에 원칙적으로 안전 펜스 등을 설치해야 했으나, 2013년 6월 "규제 개혁 실현 회의"가 규정한 안전 요건(사용 업체의 적합성 선언서 작성 등)을 만족하는 경우 펜스 등의 설치 없이 작업자와 로봇의 협업이 가능하도록 개선하였다. 또한 의료 로봇 활성화를 위하여 환자의 부담을 경감해주는 등 문턱을 낮추어 로봇 기술이 활용될 수 있도록 하였다. 또한 새로운 의료기기에 대해 의약품 의료기기 관련법에 근거, 새로운 의료기기의 신청으로부터 승인까지 표준적인 총 심사 기간을 일반 심사 품목의 경우 14개월, 우선 심사 품목에 대해서는 10개월로 감축하는 것을 목표로 제도적 준비를 하고 있다.

일본 정부가 로봇 산업을 유망하다고 보는 배경은 크게 세 가지이다. 원전사고처럼 인간이 접근하기 어려운 환경에 로봇을 대신 투입할 수 있고 저출산·고령화에 따른 인구 감소와 취약 산업 노동력 부족을 로봇으로 해결하며, 성장 잠재력 저하의 대응 방안으로 로봇을 생산현장에 투입하여 생산성을 높일 수 있다는 것이다. 또한 일본은 한국의 로봇 보급 사업에 자극을 받아, 2015년부터 일본 로봇 공업회(JARA)를 통해 "로봇 도입 실증 사업"[115]을 지원하고 있다.

특히 초고령화 사회로 진입한 일본은 서비스 로봇 시장에 주목하여 관련 기술개발을 활발히 전개 중이다. 소니는 생산을 중단했던 반려견 로봇 '아이보(AIBO)'를 12년 만에 재출시하며 AI 등 첨단 기술과 결합한 서비스 로봇 시장을 신(新) 수익창출원으로 삼고 있다.[116] 일본의 다수 기업은 일찍이 인간과 교감하는 감성 로봇 산업에 적극적인 모습을 보여 왔다. 소니의 '아이보' 외에도 입원 환

---

115) '로봇 도입 실증 사업'과 '로봇 도입 FS 보조 사업'으로 분류하며, 대기업의 경우 1/2%, 중소기업의 경우 2/3%를 지원한다.
116) http://www.cnet.co.kr/view/100158072

자나 요양시설 수용자, 간병인 등의 스트레스를 해소해 심리적 안정을 증진하기 위한 목적으로 개발된 물범 모양의 '파로', 침대 생활이 잦은 환자를 휠체어나 다른 곳으로 옮기는 일을 수행하며 거동이 불편한 고령자 간호용으로 개발한 곰 모양의 '로베어', 사람과의 대화 혹은 정서적 상호작용이 가능한 휴머노이드 감성 로봇 '페퍼' 등이 대표적인 서비스 로봇으로 손꼽힌다. 최근 자동차회사 도요타는 전신 마비 환자를 돕는 '휴먼 서포트 로봇'을 공개해 주목을 받았다. 휴먼 서포트 로봇은 자주 사용하는 스위치나 물건에 부착된 QR코드를 인식하고 다양한 명령을 수행할 수 있다.[117]

일본은 세계 로봇 시장, 특히 제조용 로봇 시장에서 자국 내 수요와 기계 산업경쟁력을 바탕으로 독보적인 위치를 지켜 왔다. 그러나 최근 중국이 거대 자국 시장을 바탕으로 급속히 추격하여 2013년에는 로봇 도입 대수에서 밀리게 되었다. 로봇 도입 대수만으로는 로봇 산업의 경쟁력을 설명할 수 없다. 그러나 양적인 측면에서 다른 나라들보다 유리한 것은 분명하며, 당분간 이러한 추세는 바뀌지 않을 것이다. 이 점에서 로봇 선진국 일본의 고민이 엿보인다. 물론 중국의 급속한 성장 전까지 로봇 도입 2위국을 바라보던 우리도 같은 상황에 처해 있다고 본다.

## 로봇 기술개발과 활용에 적극적인 EU

EU 역시 로봇 기술개발과 활용에 상당히 기여하였다. 스위스나 독일, 이탈리아는 전통적인 기계 산업 강국이다. 스위스에서는 1974년 세계 최초로 마이크로프로세서로 제어되는 전기식 산업용 로봇이 출하되었다. 75년에는 미국과 독일, 영국에 아크용접용 로봇을 수출하였고 77년 프랑스와 이탈리아, 79년 스

---

[117] http://www.kidd.co.kr/news/197769

페인, 82년에는 일본에도 수출하였다.[118] 독일의 KUKA도 비슷한 시기에 로봇 사업을 본격화하기 시작했다. 1973년[119] 전기식 6축 산업용 로봇 FAMULUS를 개발하였고, 85년 자유로운 동작이 가능한 새로운 형태의 6축 로봇을 개발하였다. 96년에는 세계 최초로 PC 기반의 로봇 제어기를 개발함으로써 실시간으로 사용자의 명령을 받아 움직일 수 있는 로봇을 선보였다.[120]

EU의 로봇 산업의 발전 역시 자동차 산업의 발전과 연관이 크다. 대부분의 산업용 로봇이 그러하듯 EU의 산업용 로봇은 차량용 도장 및 용접 등에 활용하기 위한 것들이었다. 중국과 인도 등 자동차 분야에 거대 신시장이 도래한 2010년 이후에는 EU의 로봇 기업들은 앞다투어 중국에 진출하였다.

EU의 거버넌스 차원에서도 로봇에 대한 관심이 이어지고 있다. 유럽집행위원회(EC)와 AISBL은 2014년 6월 공공-민간 파트너십을 통해 SPARC 프로그램에 착수하였다.[121] SPARC 프로그램은 로봇 분야에서 유럽의 영향력을 유지 및 확대하기 위한 프로그램으로, 7년간의 총 투자 예상 금액은 유럽연합 700만 유로(96.5억 원), EU 로보틱스 21억 유로(2.9조 원)로 세계에서 가장 큰 민간 로봇 투자 프로그램이다. 또한 로봇 사회를 위한 전략적 개요를 담은 전략적 연구 의제(SRA)와 기술적인 세부 사항을 제공하는 연간 로드맵(MAR) 발표를 통해 유럽 시장에서 로봇 연구와 기술 혁신 등에 대한 포괄적인 정보가 제공되고 있다.

EU에서도 로봇에 가장 적극적인 행보를 보여주고 있는 나라는 독일이다. 독일은 미국과 일본이 제조 시설을 중국으로 이전할 때에도 제조 시설을 자국 내에 유지하는 정책을 추진해 왔다. 제조경쟁력이 자국의 핵심 경쟁력임을 잘

---

118) http://new.abb.com/products/robotics/home/about-us/historical-milestones
119) https://en.wikipedia.org/wiki/KUKA
120) https://www.kuka.com/en-de/about-kuka/history
121) https://www.eu-robotics.net/sparc/

인식하고 있는 것이다. 독일은 기존 제조업의 생산 방식을 스마트생산으로 전환하는 Industry 4.0을 2012년 국가 첨단 기술 전략[122] 10대 핵심 계획에 포함하고 집중적으로 지원하고 있다. 2015년에는 표준화 문제, 보안 문제, 기업의 인식 부재 등의 문제로 지연되고 있는 사업물을 '플랫폼 인더스트리 4.0'으로 재편하여 표준 구조, 보안 및 법적 준비, 인력 양성 등의 핵심 문제를 해결하기 위해 노력하고 있다. 다음의 표는 인더스트리 4.0과 새로운 플랫폼 인더스트리 4.0을 비교하고 있다.[123] 독일은 고령화, 숙련 인력 부족 등 선진국들이 제조 산업에서 겪고 있는 문제를 인더스트리 4.0으로 해결하고자 하며 앞으로도 세계적인 제조 강국의 지위를 유지하기 위해 노력하고 있다.

| | 인더스트리 4.0 | 플랫폼 인더스트리 4.0 |
|---|---|---|
| 주체 | 산업협회(BITKOM, VDMA, ZVEI) | 경제에너지부와 교육연구부 |
| 형태 | 연구 의제 중심. 독일의 국가 차원의 첨단 기술 전략 10개 핵심 주제에 포함 | 정부 기관 책임하에 산업, 노조, 연구 기관이 함께 참여하는 현 정부 핵심 추진 과제 |
| 핵심 추진 과제 | 인더스트리 4.0 개발/발전 및 적용 전략 도출 | 기존 인더스트리 4.0의 적용 전략 제안을 바탕으로 5개 핵심 분야로 세분화, 실제 적용 가능한 결과물 도출<br>- 참조아키텍처 및 표준화<br>- 연구 및 혁신과 연결된 시스템의 보안<br>- 법적, 정책적 조건<br>- 인력 육성, 교육 |
| 목표 결과물 | 인더스트리 4.0 실행 기획안 2015년 4월 적용<br>전략 제안문서 발표 | 각 핵심 분야에서 손에 잡히는 결과물 도출<br>정부 IT 최고 정책 회의(IT Gipfel) 2015년 11월 1차 발표 |

---

122) https://ko.wikipedia.org/wiki/독일_첨단기술전략_2020
123) 포스코경영연구원(2015), 다시 시작하는 인더스트리 4.0

혹자들은 말한다. 언젠가 로봇 시대가 열려 로봇 산업이 거대 산업으로 성장할 것이지만 지금은 태동기에 있어 시장 규모는 미미하고, 로봇에 투자하는 것은 섣부른 것이라고. 과연 그럴까? 모든 혁신이 그러했듯이 새로운 산업이 등장하고 기존 산업이 쇠퇴하는 것은 서서히 일어나지 않는다. 그리고 새로운 시대가 열렸을 때 그 열매를 차지하는 것은 그 열매의 씨앗을 오랫동안 싹 틔워온 자들이다. 기술이 시장으로 발전하고 신시장이 새로운 산업생태계를 형성하는 사이클은 서서히 일어나지만, 그 시작의 타이밍은 아무도 모른다. 오직 준비된 기업과 준비된 국가만이 새로운 시대의 주역이 될 것임은 분명하다.

그러한 의미에서 글로벌 시장에서 두각을 나타내고 있는 로봇 전문 기업들의 현황과 그들의 성공 요인을 분석해 본다. 소개하는 기업 중에는 오랫동안 해당 분야에서 끊임없는 투자와 기술개발에 전념한 기업도 있고, 학교에서 연구한 기술을 기반으로 창업한 기업도 있다. 혁신적인 아이디어와 미래를 보는 시야로 스타트업한 기업도 있다. 이들 기업의 사례를 통해 성공하는 로봇 기업들이 가야 할 길을 제시하고 싶다. 미래를 준비하는 국가 R&D 전략의 방향을 점검해 보는 데도 도움이 될 것으로 믿는다.

여기에 소개된 기업들의 선정 기준은 별도로 없으나 각 분야에서 최고의 기술력, 최고의 제품경쟁력, 최초의 아이디어로 로봇 산업에 기여한 기업들임에는 분명하다. 자료는 각종 매체, 기업의 회계보고서, 인터넷, 직접 방문 등 다양한 활동을 통해 수집된 것이며, 일부 사실적 관계, 데이터의 정확성에 오류가 있을 수 있음을 미리 밝혀둔다. 그럼에도 불구하고 이 책을 통해 과감하게 소개하는 것은 하나하나의 사례를 통해 우리나라 로봇계가 나아가야 할 방향을 살펴보는 데 목적을 둔다.

# 3장
# 글로벌 로봇 기업 사례

# 1
# 제조용 로봇

**일본 최대 제조 로봇, 야스카와전기**

야스카와전기(일)는 1915년 설립된 이래 일본 제조 로봇계의 일인자 자리를 놓치지 않고 있는 회사이다. 이 회사는 모션 제어기 및 산업용 로봇 시리즈를 중심으로 라인업을 꾸리고 있는데, 최근에는 신형 모델 모터맨(Motoman-AR1730)[124]을 출시했다. 이 신형 모델은 가반중량 25kg급으로 자동차 및 기계 부품의 아크용접에 적합하도록 설계되어 있다. 일단 동작 속도와 궤적 오차 면에서 타사에 비하여 경쟁력을 갖는다. 날렵한 몸체로 넓은 동작 범위를 확보하여 주변 시설에 대한 기계적 간섭을 줄일 수 있도록 설계되었다. 또한 중공 방식의 로봇팔 채택으로 용접용 토치 케이블을 로봇팔에 수납할 수 있는 구조로 되어있다.[125]

---

124) http://www.irobotnews.com/news/articleView.html?idxno=10986
125) https://www.youtube.com/watch?v=I4x7lXkdQeI

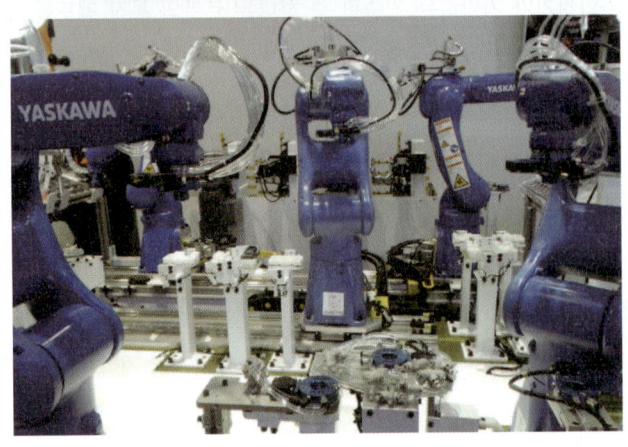

 이러한 야스카와전기를 집중적으로 분석해 본다. 먼저 2017년 일사분기 영업실적을 살펴보면 지난해보다 140% 이상의 성장을 하여 132억 엔, 우리 돈으로 약 1,400억 원의 영업이익을 내고 있다. 이는 영업이익률이 13%에 달하는 것으로 제조용 로봇의 평균 영업이익률과 비교해 볼 때 실로 대단한 실적이다. 매출액 또한 1,075억 엔(약 1.2조 원)으로, 연간 예상은 4.8조 원으로 기대된다. 이는 전년 대비 13%에 가까운 성장률로서 세계 제조용 로봇 연간 성장률을 6%대라고 볼 때 약 2배 이상의 높은 성장률을 보이는 것이다. 사업영역별 분기 매출을 살펴보면 모션 제어(Motion Control) 부품이 50%, 로봇 제품이 33%, 시스템 엔지니어링이 12%를 차지하고 있다. 지역별로 살펴보면 일본(31%), 중국(25%), 미국(19%), 아시아(13%), 유럽(12%) 순으로 실적을 보인다. 특히 전년 대비 중국이나 한국 등 아시아에서의 수요 증가가 돋보이는데, 이는 이들 지역의 인건비 상승과 관련 있는 것으로 분석된다. 야스카와전기는 향후 성장 엔진으로 태양광과 풍력 등 클린에너지 산업을 선택하여 자동화 시스템 솔루션을 구축 중이다. 이러한 기업의 성공 요인을 분석하여 보자.

야스카와전기가 자랑하는 기술력 중 하나는 로봇의 동작 궤도를 자동으로 생성해주는 자율 경로 계획 기술(Autonomous Path Planning)[126]을 들 수 있다. 산업용 로봇에 동작을 가르치는 티칭(Teaching) 작업은 사용자에게 매우 높은 전문성을 요구하여 중소기업과 같이 기술력이 약한 기업에는 그것이 로봇 도입의 장벽이 될 정도이다. 야스카와가 제공하는 'MotoSimEG-VRC'라는 시뮬레이터[127]의 경로 계획 자동 생성 기능은 동작 시작 자세, 종료 자세, 동작 생성 조건 등만 입력하면 주변 장애물 회피, 로봇의 기구학적 한계점인 싱귤라 포인트(Singular Point) 회피 등을 자동으로 수행하며 최적 경로를 생성해준다. 따라서 초기 설치 시 로봇 티칭에 들어가는 시간을 획기적으로 줄일 수 있다. 작업공정에 걸리는 시간(Tact Time)은 로봇 선정 시 매우 중요한 스펙(Specification)이기에 이 기능이 제품의 경쟁력을 대표하는 기능이라는 것을 알 수 있다. 또한 시뮬레이션 환경에서 재생해 볼 수 있기에 안전성도 보장한다. 파지한 대상물의 자세를 일정하게 유지할 수 있는 궤도를 생성하는 것도 가능하다. 액체를 넣은 용기를 핸들링하는 식품이나 약품 생산공정에서 절대적으로 필요한 기능이다. 이를 위해서는 로봇 암의 설계

---

126) http://www.irobotnews.com/news/articleView.html?idxno=7820
127) https://www.youtube.com/watch?v=6z3dfbdelHo

를 여유 자유도를 갖는 7자유도 다관절 메커니즘으로 하여야 한다. 그런데 이 7자유도 로봇 암의 궤적 계획은 많은 양의 수학적 계산을 요구하므로 실시간으로 구현하기에 결코 쉽지 않은 기능이다. 야스카와는 세계 최초로 양팔 로봇을 상용화했는데, 서로의 동작 간섭을 피해야 하는 양팔 자동 티칭 또한 자동 궤적 설계 기능으로 가능해진다. 이러한 혁신적인 경로 계획 기능으로 인해 야스카와는 신약, 제약, 임상 검사 등의 바이오메디컬 공정 자동화에서도 경쟁력을 발휘하고 있다.

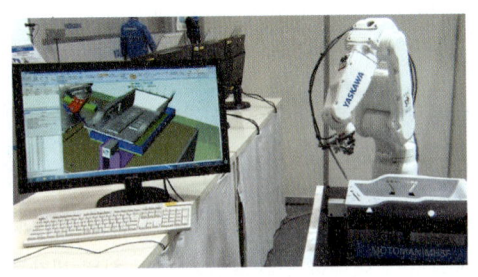

야스카와전기는 단순 기계 조립공정의 제조 로봇 이미지를 벗어나 음식 산업, 식품 제조 분야, 농업, 유통 분야의 자동화 시장으로의 진출도 모색하고 있다. 사실 이 분야는 그동안 산업용 로봇이 제대로 진출하지 못했던 분야이다. 산업용 로봇이 새로운 분야에 적용되기 위해서는 사용자 편이성, 시스템 안전성, 직관적 티칭 능력 등 여러 기능 측면에서 기술적 혁신이 이루어져야 한다. 최근 야스카와는 편의점에서 도시락을 만드는 도우미 로봇[128]을 개발 중인 것으로 알려져 있다. 과연 기존의 산업용 로봇 기술을 가지고 편의점에서 일하는 것이 가능할까? 산업용 로봇으로 도시락을 만들기 위해서는 밥, 생선, 육류, 피클 등 형태도 강도도 제각각인 다양한 종류의 시재료를 핸들링할 수 있어야 한다. 즉, 사람의 손가락에 해당하는 엔드이펙터 기술의 혁신 없이는 불가능한 것

---

128) http://www.irobotnews.com/news/articleView.html?idxno=11366

이다. 특히 사람의 손가락 끝이 갖고 있는 섬세한 촉각 기능을 로봇에 부여하는 것이 필요한데, 이는 로봇계의 오랜 염원일 정도로 난제로 알려진 기술이다. 예를 들어 콩을 젓가락으로 집어 올리는 피킹 작업은 로봇 챌린지 경진대회에서도 아직 누구도 해내지 못한 어려운 작업이다. 산업용 로봇은 정확한 동작, 빠른 동작, 쉬지 않고 일하는 능력 면에서 인간을 압도하지만, 섬세한 촉각, 예리한 식별 능력을 갖춘 시각 등은 아직 인간에게 지고 있다. 그러나 뛰어난 기술력으로 지난 몇 년간 높은 매출과 이익률 성장세를 보이는 제조 로봇의 강자 야스카와가 도전한다면 가까운 시일 내에 편의점에서 일하는 로봇을 보게 될지도 모르겠다.

2015년 유튜브에 공개된 광고[129]는 인간 검객과 자사 제품 로봇의 검술 대결을 보여주고 있다. 비록 연출이지만 야스카와전기는 로봇의 정밀하고 빠른 동작을 통해 당사가 보유한 첨단 로봇 기술력을 유감없이 표현하였다. 그리고 미래에 로봇이 인간의 삶에 어떠한 영향을 줄지 다시 한번 생각하게 하는 메시지를 던져 주고 있다.

### 일본 최장수 제조 로봇, 가와사키 중공업

가와사키 중공업(일)은 메이지 시대 조선소로 시작해 제1차 세계대전, 제2차 세계대전, 전후 고도 성장기를 거치면서 일본의 근대사, 산업사를 함께해온 장수 기업이다. 국내외 100개사에 이르는 거대 기술 기업 집단을 형성하고 있다.[130] 항공 산업, 조선 산업, 철도차량 산업, 발전 산업 등 각종 플랜트 산업이나 환경 설비, 산업 기계, 제조용 로봇 등 분야마다 별도의 기업을 운영하고 있으며, 폭넓은 엔지니어링 기술을 기반으로 다양한 사업을 전개하고 있다.

---

129) https://www.youtube.com/watch?v=O3XyDLbaUmU
130) https://ko.wikipedia.org/wiki/가와사키_중공업

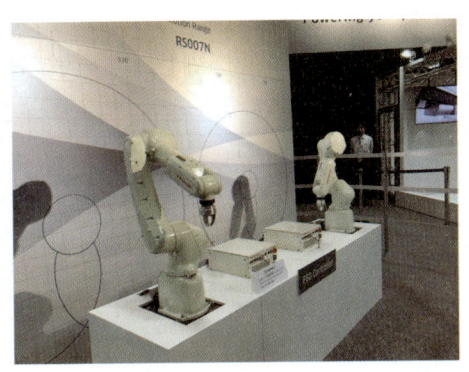

가와사키의 로봇 사업은 1968년 세계 최초로 산업용 로봇을 개발한 미국 유니메이션사와 기술제휴를 맺으며 시작되었고, 이듬해 일본 최초 산업용 로봇 유니메이트(Unimate)를 생산하게 된다. 일본 로봇 사업 분야에서 가장 긴 역사를 갖고 있는 것이다. 가와사키 중공업 내 로봇 비즈니스 센터에서 도장, 팔레타이징, 스폿용접, 아크용접, 조립, 클린룸, 핸들링, 연마 등 전 분야에 걸친 제조용 로봇을 생산하고 있으며, 현재 전 세계에 약 11만 대의 로봇이 가동 중이다.[131] 최근 IREX 2017에서 고속 로봇 RS007N을 선보였는데, 선단 속도는 5m/s에 이른다. 동영상을 보면, 6자유도를 갖는 수직 다관절 로봇이 초고속 연속 동작을 반복하면서도 기계적 진동 없이 정밀한 작업을 할 수 있음을 보여주고 있다.[132] 특히 RS015X 모델의 경우 선단 속도가 무려 19.9m/s에 이르러 가히 세계 최고 속도의 다관절 로봇(Articulated Robot)이라 할 수 있다.

---

131) https://robotics.kawasaki.com/ko1/
132) https://www.youtube.com/watch?v=XO0my9krQlw

## 세계 최대 로봇 기업, FANUC

　FANUC(일) 역시 일본 최대의 제조 로봇 회사를 논할 때 빠질 수 없는 기업이다.[133] FANUC은 로봇과 더불어 CNC 최대 생산 기업으로 CNC 시스템과의 네트워크 연동 기능에 있어 경쟁력을 지니고 있다. 2017년 현재 누적 생산 대수 40만 대를 달성한 바 있다. 브랜드 컬러는 노란색으로, 이에 따라 모든 제조 로봇의 외관을 노란색으로 통일하는 것으로 유명하다. 아크용접 로봇이 주력 제품으로, 차체 조립용 대형 로봇, 팔레타이징, 도장 등 제조공정 전 공정에 걸쳐 자동화 로봇을 생산하고 있다.

　최근 IREX 2017에서 세계 최대 가반하중인 1,700kg의 핸들링 로봇 M-2000iA를 발표하여 참관객들의 이목을 집중시켰다.[134] 가반하중 면에서는 가히 슈퍼헤비급이라 할 수 있겠다. 또한 FANUC은 세계 최고 수준의 가반하중을 갖는 협동 로봇[135] 생산 기업이기도 하다. 보통의 협동 로봇이 5~10kg의 가

---
133) http://www.fkc.co.kr/00_new_product/robot.asp
134) https://www.youtube.com/watch?v=zpcFM8yWnlc
135) http://www.irobotnews.com/news/articleView.html?idxno=10274

반하중을 갖는 데 비하여 FANUC의 협동 로봇은 35kg급으로 매우 높은 용량을 갖고 있다.

FANUC은 레졸류트(Resolute) 로터리 엔코더를 추가로 장착하여 최고의 정밀도를 요구하는 우주 항공 제조공정에서 로봇의 정확도를 개선했다.[136] 레이저 트래커를 통해 검증된 이 방법은 컨트롤러에 직접 연결된 레졸류트 엔코더[137]가 각 축 구동 트레인의 출력 쪽에 설치되어 각 조인트의 실제 위치를 측정하고 제어한다. 따라서 로봇이 백래시(Backlash)로 인한 오차 없이 위치를 제어할 수 있다. 이는 외부 힘을 보상해야 하거나 높은 정밀도가 요구되는 분야에 이상적이다. 굽힘 변형은 로봇의 기계적 구성품에 가해지는 토크 때문에 발생하는 일반적인 문제로, 굽힘뿐 아니라 공정 도중 가해지는 외부 힘에 의한 로봇 편향을 줄여줄 수 있다.

### 자동차 생산 자동화의 일인자, NACHI Robot

NACHI(일) 역시 일본 제조 로봇 회사를 거론할 때 빠질 수 없는 기업이다.[138]

---

136) http://blog.naver.com/eng0880/220741353188
137) Renishwa사의 Resolute 시리즈 절대형 로터리 엔코더
138) http://www.nachi-fujikoshi.co.jp/eng/rob/

1968년부터 산업용 로봇 사업에 착수하였으니, 가와사키와 더불어 1세대 로봇 기업이다. NACHI는 일본 자동차 시장에서 25%의 시장점유율을 갖는 자동차 제조 자동화 전문 기업이다. 공작 기계, 부품 사업에서 축적한 정밀 기계 설계 기술, 제어 기술의 강점을 살려 자동차 차체 스폿 용접(Spot Welding) 및 반송용 로봇 등 대형 가반중량 로봇 분야에서 세계 최고 수준의 성능과 점유율을 보여주고 있다. 2007년부터 FPD용 대형 유리 기판 반송용 로봇 사업에도 진입하여 세계 최초로 9세대 LCD 기판 대응 로봇을 성공적으로 개발하였다. 최근 IREX 2017에서 다양한 자동차 제조용 로봇을 선보이며 대형 로봇의 위용을 보여주었다.[139]

## 제조 로봇 최장수 기업, ABB

ABB는 로봇, 에너지, 자동화 기술 분야에서 주된 사업을 하는 다국적 기업이다. 전 세계의 대기업들이 그러하듯이 ABB 역시 매우 큰 엔지니어링 기업이다. 끊임없는 기술 혁신으로 4차 산업혁명을 주도하는 ABB에 대해 알아보자. ABB는 스위스 취리히에 본사를 두고 있으며, 15만 명의 사원이 100여 개 국가에서 일하고 있다. 2013년 매출액은 400억 달러이고, 영업 이익은 7.8%에 이르

---

139) https://www.youtube.com/watch?v=ff9e5xxIPzs

는 30억 달러를 내고 있다.

ABB는 스웨덴의 ASEA와 스위스의 BBC가 1988년 합병해 탄생한 기업군[140]이다. ASEA는 루드비히 프레드홈이 1883년 세운 회사이고 BBC 또한 찰스 브라운과 월터 보베리가 1891년 세운 회사이니, 최장 134년의 역사를 자랑한다. 이토록 오랜 세월 동안 독보적인 경쟁력을 유지한 비결이 무엇일까. BBC는 전기모터, 발전기, 변압기 등 중전기 회사들의 집합체였고, ABB는 전기배선 설비 분야에서 세계 최대 규모 업체였다. 2010년 조직 개편을 단행해 전기 제품, 전기 시스템, 자동화 시스템 등 5가지 사업 분야를 운영하고 있다. 자동화 시스템 사업 분야에 전력 제어기와 산업용 로봇 등이 포함된다. 이 중 로봇 분야 본부를 2006년 중국 상하이로 이전하여, 풍력발전기와 태양에너지 부문과 함께 로봇 및 자동화 시스템 사업을 전개하고 있다.

로봇 산업의 특성은 시장 성장률이 낮기 때문에 경쟁사의 시장점유율을 뺏어 오지 않는다면 판매 대수를 획기적으로 늘리는 것이 어렵다는 것이다. 이를 위해 무리한 가격경쟁만을 일삼는 것은 시장 자체가 레드오션화되어 산업 자체가 공멸하는 결과를 낳을 뿐이다. 대신 타 업체가 진출하지 않은 블루오션 시장을 발굴하는 노력이 필요하다. 그런 면에서 ABB는 식품공장의 포장 자동화, 철

---

140) https://en.wikipedia.org/wiki/ABB_Group

강 코일 제조공정 자동화를 위한 솔루션 개발, 세척공정을 위한 방수 로봇 개발 등 새로운 공정 자동화를 위한 솔루션 개발에 지속적으로 투자하는 것으로 알려져 있다. 이러한 ABB의 블루오션 발굴 전략은 작은 시장을 놓고 무리한 가격경쟁을 벌이는 국내 제조 로봇 기업들이 배울 점이다.

로봇 시장의 특성상 산업용 로봇은 설치 후 유지 보수성이 시스템을 선택할 때 매우 중요한 포인트가 된다. 그런 면에서 단순히 로봇 제품만 판매하는 것이 아닌, 자동화 분야에서 축적한 오랜 경험과 기술을 통한 엔지니어링 전문성이 바로 고가정책을 지속하면서도 시장에서 경쟁력을 잃지 않는 비결일 것이다.

6관절 로봇의 경우 타깃 위치를 지정할 경우, 실제 이동할 수 없는 경로가 지정되는 경우가 종종 발생한다. 이를 기구학적으로 싱귤라 포인트(Singular Point)라고 하는데, 이러한 싱귤라 포인트가 경로상에 존재하는 타깃 포인트를 티칭할 경우, 경로 계산 SW는 이를 회피하는 경로를 찾아야 한다. 이 작업에서 높은 수학적 복잡도로 인해 회피 경로의 실시간 최적화는 매우 어려운 문제이다. ABB 로봇의 경우 이 문제를 해결한 탁월한 경로 계획 기능이 있어, 복잡한 경로로 이루어진 차체 조립 작업 등에서 매우 효과가 있는 것으로 알려져 있다.

한편 작업 프로그램(Job Program)이란 로봇에 해야 할 일을 묘사하는 일종의 순차적 작업지시서이다. 다양한 센서에 의해 작업 조건이 달라지고, 작업 중 일어나는 돌발상황에 대처하기 위해서는 단순한 작업 프로그래밍 외에도 이중 삼중의 안전 장치가 산업용 로봇을 설계하는 데 필수적인 요구사항이다. ABB는 이러한 작업 프로그래밍 환경과 관련하여 대부분의 개발자에게 익숙한 C++ 기반의 RAPID 프로그래밍언어와 통합 개발 환경인 Robo Studio[141]를 제공함으로써, 티칭 프로그램을 개발하는 시간과 노력을 줄일 수 있도록 하였다. 로봇 프로그래밍에 있어 C언어와 유사한 개발 환경에서 사용자가 변수와 함수 정의를 하여

---
141) https://www.youtube.com/watch?v=fpVLvmBS0iw

다양한 작업 프로그래밍을 할 수 있게 했다는 점은 사용자 편리성 측면에서 매우 강력한 경쟁력으로 보인다.

ABB는 최근 IREX 2017에서 다양한 차체 조립 로봇[142]을 선보인 바 있다. 듀얼 암이 접목된 ABB의 협업용 양팔 로봇 유미(YuMi)[143]는 정밀가공에 대한 수요를 반영하듯 정교한 움직임을 보여주었다. 제조업 추세가 사물인터넷(IoT) 및 인터넷의 사물, 서비스, 인간과의 연동임에 따라 생산율 증대, 유연성, 효율성의 결합을 추구하는 ABB의 신사업 전략을 엿볼 수 있다.

스마트공장이 대세인 요즘, 산업용 로봇도 셀 생산 방식에 맞게 설계되어야 한다. 스마트공장을 위해 로봇에게 요구되는 것은 로봇 프로그래밍의 최적화와 자동화이다. 로봇을 활용하는 다양한 애플리케이션에서 기기 간의 연동, 제품 도면을 기반으로 한 오토프로그래밍(Auto-programming) 등 혁신적인 아이디어가 돋보인다.

---

142) https://www.youtube.com/watch?v=JaONgWFov_E
143) https://www.youtube.com/watch?v=85eZjnn-GcA

## 리싱크로보틱스의 백스터

백스터 로봇(Baxter Robot)은 세계 최초로 플라스틱 소재를 채택하고 인간 작업자와의 충돌 시 손상을 최소화하도록 설계한 협동 로봇(Co-Robot)이다. 블룸버그 예측에 의하면, 협동 로봇 시장은 2025년 세계 시장 10조 원 규모로 커질 것이라고 한다. 덴마크 유니버설사와 함께 전 세계 협동 로봇 시장을 지배하고 있는 미국의 신생 로봇 벤처 기업 리싱크사의 성공 요인을 분석하여 본다. 백스터를 생산하는 리싱크로보틱스(Rethink Robotics)[144]는 스콧 애커트(Scott Eckert)가 설립하였고 보스턴에 본사를 두고 있으며 GE 벤처의 투자를 받아 성장했다. MIT대 로봇공학 교수 출신인 로드니 브룩스가 회장 겸 CTO를 맡고 있다. 현재 백스터는 여러 GE 연구소를 비롯해 미국 내 여러 공장에 도입되어 작업자들과 함께 부품을 조립하고 물건을 포장하고 있다. 기존 산업용 로봇 암이 3만 불 수준이었던 데 반해 양팔을 갖고 있음에도 가격은 22,000달러로 저렴하다.

설립자인 로드니 브룩스가 밝힌 백스터의 개발 동기는 기존의 산업용 로봇이 사용하기 어렵고 가격이 비싸다는 점이다. 스위스의 ABB, 독일의 KUKA, 일본의 FANUC, YASKAWA 등 소위 전 세계 제조 로봇 4대 메이커에서 생산하는 로봇들은 모두 높은 정밀도와 빠른 동작 속도를 자랑한다. 하지만 그들은 자동차 회사와 같이 대형의 자동화 라인에는 적합하나, 중소기업과 같이 소량생산 환경에서 작업하는 데는 적합하지 않았다. 특히 로봇 가격만 3만 불에 육박하고, 주변 자동화 설비 등을 고려하면 로봇 시스템 도입에 10만 불 이상의 비용이 소요된다. 게다가 작업 변경에 따른 로봇 프로그래밍에 드는 비용과 로봇을 위한 전용 작업 공간 등은 모두 중소기업에서 감당하기 어려운 조건이다.

로드니 브룩스는 이러한 점들이 로봇 활용을 저해하는 요소라고 판단하고

---

[144] www.rethinkrobotics.com/baxter/

사람과 유사한 동작 성능을 갖고 사람들과 같은 공간에서 작업이 가능한 로봇, 쉽게 동작을 가르칠 수 있는 로봇, 그러면서도 동시에 기존의 로봇들보다 훨씬 싼 로봇을 기획하였다. 그 결과물이 백스터인 것이다. 이제 백스터의 혁신 요소들을 살펴보자.

기존의 산업용 로봇은 안전성이 보장되지 않아 작업자와의 충돌을 방지하기 위한 안전 펜스가 필요하다. 대기업과 같이 자본이 충분한 경우에는 넓은 공간에 로봇 중심의 무인 자동화 시스템을 구축하는 것이 용이하지만, 중소기업의 경우는 그렇지 못하다. 협동 로봇은 안전성을 최우선으로 설계되어, 별도의 보호장구 없이 작업자 옆에서 안전하게 함께 일할 수 있는 것이 특징이다. 인간과 협력하며 일할 수 있는 협동 로봇의 효시가 백스터인 것이다. 백스터의 첫 번째 성공 요인은 사용자들의 끊임없는 요구사항을 철저히 분석하고 설계에 반영한 데 있다. 백스터 로봇은 기본적으로 외형상 안전하게 설계되어 있다. 기존의 산업용 로봇과 달리 외형 대부분이 폴리머 재질로 되어 있으며, 모서리 등을 충돌에 안전한 형상으로 설계하였다.[145]

백스터 로봇에는 작업자가 주변에 있는지 알 수 있도록 마치 자동차의 전후방 센서와 같은 초음파 센서들이 달려있으며, 전방에는 사람의 눈과 같은 역할을 하는 카메라가 있어 주변에 사람 또는 다른 로봇 등의 출현을 미리 감지하고 로봇의 동작 속도를 줄일 수 있다. 각 조인트에서 힘을 측정하여 로봇팔의 충돌을 감지할 수 있도록 하여 충돌 감지 즉시 작업을 멈출 수 있고, 필요시 반대 방향으로 밀리는 힘 반영 제어 방식을 채택하고 있다. 또한 보다 안전성을 높이기 위해 백스터에서는 각 관절에 스프링을 장착하고 있다. 이 스프링을 통해 충돌시 수동적인 안전성을 확보하는 동시에 스프링의 변위를 측정하여 로봇팔의 충

---
145) http://www.gereports.kr/sawyer-the-one-armed-collaborative-robot/

돌을 감지할 수 있다.

　백스터의 또 다른 놀라운 점은 과거 복잡한 산업용 로봇과 달리 누구나 쉽게 구매할 수 있고 전원만 연결하면 프로그래밍 없이 로봇팔을 잡고서 훈련하도록 만들어졌다는 것이다. 즉, 작업자가 직접 로봇을 움직이며 작업 프로그래밍하는 직접 지시형 티칭 방식을 채택하고 있다.[146] 또한 직관적인 사용자 인터페이스로 SW를 설계하여, 보다 사용자 용이성이 높게 설계되었다. 이러한 것들이 가능해지는 데 로봇 제어 기술의 발전과 함께 컴퓨터 기술의 향상도 영향을 미쳤다. 과거에는 로봇팔을 정해진 위치로 움직이는 것만도 버거웠지만, 이제는 더 저렴한 비용으로 정해진 위치로 움직이는 것뿐만 아니라 동작 중 충돌을 감지하고, 사용자의 명령을 인식하며 사용자 입력을 기억하는 것이 가능해진 것이다. 즉, 로봇 제어 기술과 컴퓨터 기술의 혁신이 이러한 것들을 가능하게 하였다. 더불어 향상된 센서 기술은 더 많은 것을 가능하게 하였다. 단순하게 사람이 로봇팔을 잡고 움직이는 것을 기억하고 재생하는 것을 넘어서 그리퍼 부분에 장착된 시각 센서를 이용하여 사람처럼 부품을 인식[147]하고 집어서 옮기는 것이 가능해졌다.

　이와 같은 시각 기술과 앞서 설명한 직접 지시 기술을 통해 기존에 로봇 전문 프로그래머를 통해서만 가능했던 로봇 적용 프로세스(로봇을 새로운 공정에 설치하거나 옮기고 로봇에게 새로운 작업을 프로그래밍하는 과정)가 현장 작업자에 의해서 가능하게 된 것이다. 백스터가 이룩한 혁신적 요소들은 어찌 보면 기존의 산업용 로봇 회사들이 여러 가지 이유로 주저하던 것들이다. 대규모 자동차 회사 중심의 수요만으로도 기존의 산업용 로봇 회사들은 만족한 부분도 있다.

---

146) http://ksc12545.blog.me/150181692889
147) 라인에서 부품은 항상 같은 모양으로 놓여 있는 것이 아니기 때문에 사람은 쉽게 모양과 방향을 인식하고 잡아서 조립/포장이 가능하지만 시각 기능이 없는 로봇은 이를 인식하는 것이 불가능하다.

사실 자동화에서 로봇이 필요하지만, 비용적 비율로는 전체 자동화에서 로봇이 차지하는 비중은 20~30% 수준에 불과하기 때문이다. 그러나 이제는 환경이 변화하고 있다. 기존의 대규모 자동화 SI 중심의 산업용 로봇 회사들이 주도하던 시장에서 리싱크 로보틱스와 같이 신생 로봇 벤처 회사가 중심되어 새로운 시장을 열고 있다.

## 협동 로봇의 지평을 연 유니버설 로봇

덴마크의 신생 로봇 기업 유니버설 로봇[148]의 돌풍이 무섭다. 협동 로봇(Co-Robot) 전문 기업으로 중소 제조현장의 생산 혁신을 주도하고 있는 것이다. 최근에는 클린룸 인증을 받아 자동차, 반도체 등 일반 제조업뿐 아니라 실험실이나 의학 및 제약 분야, 식품업계 등으로 수요처를 확대하고 있다.

이 기업은 앞장에서 선보인 리싱크로보틱스사와 마찬가지로 전 세계 모든 제조업체, 특히 중소 제조 기업에 안전하고 유연하며 사용하기 편리한 로봇을 공급하겠다는 취지로 설립되었다. 불과 12년 전인 2005년 로봇학 박사인 에스벤 오스터가드(CTO), 케스퍼 스토이, 위르겐 본 홀른(CEO) 등 3명이 공동 설립하여 단기간 내에 30여 개의 로봇 기술 특허를 획득하고, 4년 만인 2009년 첫 제품을 독일의 유통망을 통해 판매하기 시작한다. 첫 모델인 UR5는 무게가 단 18kg에 불과하였고, 최대 5kg의 가반중량을 가지고 있었다.

그 후 유니버설 로봇은 단 1년 만에 전 유럽으로 유통망을 확대하였고, 다음 해인 2011년에는 최대 시장인 중국을 겨냥해 지사를 세운다. 그리고 2012년 마침내 미국에 지사를 세우고, 전 세계적으로 3,500대의 UR 로봇을 설치·운영하

---

[148] https://www.universal-robots.com

는 데 성공하였다. 모델 또한 다양화하여 10kg을 들어 올릴 수 있는 29kg 무게의 UR10, 총무게 11kg의 초경량 탁상용 로봇이자 3kg 가반중량급의 UR3 등이 출시되었다.

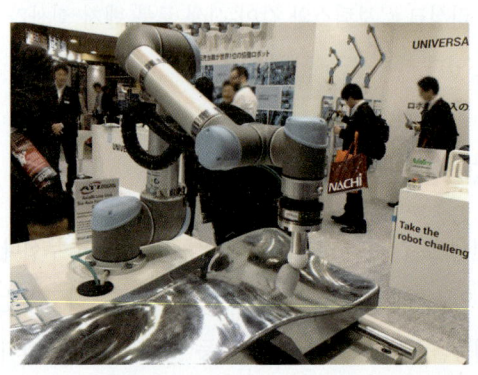

유니버설 로봇은 2015년 반도체 장비 및 테스트 장비 회사인 테러다인(Teradyne)에 2억 8500만 달러(한화 약 3,460억 원)를 받고 인수된다. 2015년 회계 기준 매출은 6천2백만 불로서 2014년 대비 91%의 높은 성장을 하였다.[149] 965만 불의 이익을 달성하여 15.6%의 높은 이익률도 보이고 있다. 2016년 매출은 9,447만 달러(전년 대비 62% 성장)를 돌파하였으며,[150] 영업이익은 1,312만 달러(매출대비 18.9%)를 기록하였다. 본사 직원은 150명 규모이다. 전문가들은 2020년경이면 전체 협동 로봇 시장 규모는 30억 달러까지 성장할 것으로 전망한다. 이제 이 기업의 성공 요인을 하나하나 살펴본다.

일단 제품을 살펴보면, 작고 가볍게 만들어 작업자와 함께 탁상용으로 작업할 수 있도록 설계하였다. 창업자들은 식품 산업에서 요구하는 항목들을 면밀

---

149) http://www.irobotnews.com/news/articleView.html?idxno=6975
150) http://www.irobotnews.com/news/articleView.html?idxno=10561

히 분석하면서 설치 및 프로그래밍이 쉬우면서도 가벼운 로봇 신제품을 기획하게 된다. 이것은 기존 제조 로봇이 무겁고 비싸며 사용하기 어려운 문제점을 해결하겠다는 발상에서 출발하였다. 즉, 사용자 친화적인 옵션을 찾는 시장이 있음을 내다본 것이다. 사실 중소기업은 로봇을 프로그래밍하기 위한 전문인력을 두기 어렵다. 따라서 누구나 쉽게 로봇 프로그래밍을 하도록 프로그래밍 환경을 그래픽 기반, 태블릿 PC 기반 UI로 설계하였다. 로봇 가격은 같은 가반하중을 갖는 로봇과 비슷하지만, 무게는 가장 가볍게 설계되어 사용자가 로봇을 생산현장, 공장, 사무실 등 다양한 곳으로 옮겨 다니며 간편하게 설치할 수 있도록 하였다. 철저하게 현장 설치 비용을 줄이는 데 역점을 둔 것이다.

4차 산업혁명은 인간 작업자를 공장에서 내쫓는 것이 아니라 로봇과 인간이 함께 공존하며 협업하는 방향으로 자리 잡고 있다. 유니버설 로봇은 이러한 개념을 받아들여 세계 최초로 협동 로봇을 발명하여 세상에서 가장 유연한 로봇을 상품화한 것이다. 또한 안전 설정 기능을 갖추어 외부의 힘을 감지하여 장애물을 만나면 충격강도를 제한하도록 설계하였다. 로봇의 작업 반경에 사람이 들어오면 로봇은 자동으로 속도를 낮춰 작업을 하고, 사람이 떠나면 다시 빠른 속도로 작업을 하도록 하였다. 로봇의 힘이 150N을 넘지 않는 ISO 10218 안전기준[151]을 준수하여 로봇이 작업자와 함께 작업을 하다 사고가 발생하여도 작업자가 크게 다치지 않도록 하였다. 또한 비싼 힘 센서를 사용하지 않고 관절의 전류를 측정하여 힘과 움직임을 결정하는 특허 기술을 활용하였다.

로봇을 집에서도 사용할 수 있는 공구로 생각하는 개념도 참신하다. 특히 UR3[152]의 경우 모든 관절이 360도로 회전하며, 마지막 관절은 무한 회전하도록 설계하여 나사 조이기 등에 유용하도록 하였다. 또한 유니버설 로봇은 로봇 본체에 연결하면 바로 사용할 수 있는 플러그 앤드 플레이(Plug & Play) 애플리케이션 솔루션을 통해 사용자에게 새로운 편리함을 제공하였다. 애플리케이션 개발자를 위한 무료 프로그램 플러스유(+YOU) 개발자 프로그램[153]을 출시하여 강력한 마케팅 및 개발자 지원 플랫폼도 제공하였다.

사업적 성공에도 불구하고 끊임없는 연구 개발을 통해 미래를 대비하고 새로운 서비스를 제공하는 것이 기업의 지속적 성장과 혁신을 이끌어내는 원동력이다. 그런 면에서 유니버설 로봇사는 범용 인공지능(AI) 솔루션 사업을 추진하기 위해 유니버설 로직사를 설립[154]하여 머신러닝 기반 로봇 사업을 추진한다. 유니버설 로봇이 신설한 유니버설 로직(Universal Logic)사는 로봇과 여러 가지 장치들을 제어할 수 있는 머신러닝 솔루션인 '네오코텍스 G2R셀' 솔루션을 출시하였다.

---

151) https://www.iso.org/standard/51330.html
152) https://www.youtube.com/watch?v=ljk64Uv8pUE
153) http://www.e4ds.com/sub_view.asp?ch=27&t=1&idx=4192
154) http://www.irobotnews.com/news/articleView.html?idxno=10245

　이 제품은 네오코텍스 AI 플랫폼에서 운영되며, 비전 시스템과 로봇 액추에이션, 인공지능을 결합했다. 이 솔루션의 특징은 기존 생산라인의 변경 없이 근로자들을 대체할 수 있다는 점이다. 단 하루 만에 로봇 작업 셀을 만드는 것이 가능하며, 공장 설치 가격도 12만 불 내외로 알려져 있다. 네오코텍스는 저장 용기, 팔레트, 컨베이어 벨트에서 물건을 집어 포장 박스, 백 등에 옮기는 핸들링 작업을 수행한다. 제품의 바코드, 라벨 인식도 가능하다.

　로봇은 사람의 일자리를 빼앗는 것이 아니라 저출산 및 고령화로 사람이 떠나간 일자리를 대신하는 역할을 할 것이다. 독거노인과 생활하며 함께 운동하는 로봇을 상상해 보자. 이와 같이 인간 협업형 로봇은 제조 로봇에 국한되지 않고 헬스케어와 같이 보다 넓은 영역에 활용될 것으로 전망된다.

### 진공 로봇의 일인자, 티이에스

　티이에스는 대형 디스플레이 챔버 안에서 디스플레이 패널을 안정적으로 이송시키는 '진공' 이송 로봇을 전문 공급하는 국내 제조용 로봇 기업이다. 2004년 10월 창립 후 경기도 오산에 공장을 두고 있으며, 디스플레이 · 반도체 · 태양광용 진공 이송 로봇을 공급하며 국산 산업용 로봇 기술을 국내외 시장에 알렸다. 한국의 로봇 생산량은 세계 상위권에 속하지만 기술력은 일본, 독일 등과 비교해 상당히 뒤떨어졌다고 평가받는다. 디스플레이와 반도체는 물론 자동차, 물류 등 다양한 산업 분야에 특화된 로봇의 수요가 증가했지만 특화 로봇 시장에서 상위권에 속하는 국내 기업은 찾아보기 드물다. 티이에스는 첨단 기술로 꼽히는 디스플레이 분야에서 일본에 10세대 디스플레이용 진공 로봇을 수출하는 등 국산 진공 이송 로봇으로 기술력을 인정받고 있다.

진공 이송 로봇은 증착 공정이 이뤄지는 챔버(진공 상태의 공간) 안에서 사용하는 핵심 부품으로 꼽힌다. 이것은 8세대, 10세대, 10.5세대 등 가로·세로 길이가 사람 키보다 훨씬 큰 2미터, 3미터에 달하는 디스플레이 패널을 옮기는 로봇이다. 진공 이송 로봇은 일반 대기압 상태에서 사용하는 이송 로봇과 달리 400℃ 이상의 고온과 진공 상태의 챔버 환경을 견뎌야 한다. 기판 두께가 수 밀리미터(㎜) 수준으로 얇은 만큼 기판이 커질수록 처짐 현상이 크게 발생한다. 또한 얇고 가벼워 작은 충격에도 쉽게 깨진다. 게다가 진공 상태에서는 기판 처짐 현상이 더 심해질 수 있다. 패널과 증착 챔버 내 환경 특성을 감안해 안정적으로 패널을 옮기는 것이 핵심 기술이다. 기판이 처지거나 흔들리지 않아야 하고 파티클 발생도 최소화해야 한다. 따라서 상당한 수준의 제어 기술이 필요하다.

그동안 디스플레이용 진공 이송 로봇은 일본 다이엔, 산쿄, 야스카와 등이 장악해왔다. 로봇 기술 선진국으로 꼽히는 일본 기업의 높은 벽을 넘기 쉽지 않다. 티이에스는 진공 이송 로봇을 국내 기업에 꾸준히 공급해오다가 2012년 글로벌 장비 기업 어플라이드머티어리얼즈의 협력사가 되면서 크게 성장하기 시작했다.[155] 세계 디스플레이·반도체 장비 시장 1위인 어플라이드에 제품을 공급하며 기술력을 인정받은 것이다. 이를 발판으로 2016년 샤프에 10세대 액정표시 장치(LCD)용 진공 이송 로봇을 공급하는 데 성공했으며, 2017년에는 중국 BOE에 10.5세대 LCD용 제품을 공급해 초대형 기판 시장에서 입지를 굳혔다. 특히 BOE 10.5세대 공급 사업은 경쟁사인 일본을 제치고 전체 물량을 수주했다는 점은 매우 의미가 크다. 좋은 제품은 물론 현장에서 발생하는 문제에 빠르게 대처하는 고객 대응(CS) 체계 구축에 노력을 기울인 결과다.

티이에스는 초대형 10.5세대 LCD는 물론 작년부터 6세대 플렉시블 유기발광다이오드(OLED)용 진공 이송 로봇도 공급하고 있다. 한국과 중국에서 디스플레이 설비 투자가 급증하면서 공장을 새로 마련하고 인력 채용을 확대하는 등 바쁘게 대응하고 있다. 또한 신사업으로 국가 R&D 지원을 받아 지난 3년간 재활훈련 로봇도 개발하고 있다. 재활훈련 로봇은 사고 등으로 인해 걷기 힘든 환자가 잘 걸을 수 있도록 재활훈련을 돕는 로봇이다. 의료 로봇은 고부가가치 사업으로 향후 성장이 기대되는 분야로 꼽힌다. 또한 티이에스는 국립재활원과 함께 전동 이송 보조 로봇 공급 사업에 참여해 제품을 시범 공급한 바 있다.

티이에스는 초기에 대형 진공 이송 로봇을 개발했지만 국산 제품을 인정해 주는 곳은 많지 않았다. 그러나 이제는 국내 패널 제조사에 납품하며 기술력을 입증하였고 글로벌 장비 기업 협력사로 활약하면서 일본 선두 기업을 위협할 정도로 성장한 것이다. 2016년과 2017년 디스플레이 설비 투자의 활황으로 티이에스 역시 가시적 성과를 거뒀다. 2016년 매출 491억 원을 거둬 사상 최대 실적을 달성한 것이다. 국내외 패널 제조사에 공급 물량이 늘어난 것은 물론 10.5세대 LCD와 6세대 플렉시블 OLED용 진공 이송 로봇을 모두 공급하여, 주요

---

155) http://m.etnews.com/20170828000095#_enliple

기술에 적기 대응한 결과이다.[156]

진공 이송 로봇은 장비 기업이 직접 채택해 패널 제조사에 공급하기도 하지만 진공 이송의 중요성 때문에 패널 제조사가 직접 진공 이송 로봇을 검토하고 채택한다. 따라서 장비 제조사뿐만 아니라 패널 제조사에도 브랜드와 고객 대응력을 알리며 경쟁력을 높이는 것이 주효했다. 티이에스는 디스플레이용 진공 로봇이라는 특화된 분야에 집중한 것이 큰 특징이다. 우리가 산업용, 의료용 등 다양한 로봇에 작지 않은 규모로 투자하였으나 기술력을 인정받지 못한 것에 대한 원인이 무엇인지 곱씹어볼 대목이다. 티이에스가 그들이 목표로 하는 산업용 진공 이송 로봇 분야에서 글로벌 경쟁력을 갖추고 의료용 재활 로봇 시장을 개척하는 데 기대를 걸어본다.

### 세계 최초의 3D 검사 로봇, 고영테크놀러지

고영테크놀러지는 2002년 설립 후 4년 만에 전 세계 SPI(Solder Paste Inspection) 검사 장비 시장점유율 1위에 오른 국내 검사 로봇 전문 기업이다. SPI는 PCB 납 도포 검사 장비로서 휴대폰과 같은 전자제품 조립공정인 SMT 공정에서 품질 관리를 위해 없어서는 안 되는 인라인(In-line) 검사 장비이다.[157] 갠트리 로봇(Gantry Robot)에 검사 헤드를 달고 컨베이어를 타고 들어오는 SMT 기판의 납 도포 불량을 콕 집어내는 기계이다. 불과 4년 만에 고영테크놀러지가 세계 최고의 검사 장비 회사가 된 원인을 분석하여 보자.

첫 번째 요인으로는 초창기 개발인력들이 10년 이상 메커트로닉스 분야에서 쌓아온 기술적 노하우와 경험이 있었기 때문으로 보인다. 물론 과거의 경험만

---

156) http://www.irobotnews.com/news/articleView.html?idxno=11846
157) https://www.youtube.com/watch?v=0Qhk6CZHcbk

으로는 신기술과의 극한 경쟁에서 살아남기 힘들다. 자고 일어나면 새로운 경쟁 업체가 생기고, 유사한 제품으로 경쟁하는 검사 장비 분야에서 생존하려면, 차별화되고 혁신적인 기술개발이 지속적으로 이루어져야 한다. 이를 위해서는 결국 남들과 다른 혁신적인 사고를 하고, 더불어 전문적인 지식과 경험적 노하우를 겸비한 뛰어난 엔지니어를 얼마나 확보하느냐가 관건이다.[158]

그러나 인재들이 많이 모인 기업이 반드시 성공하는 것은 아니다. 그들을 불철주야 연구 개발에 몰입하게 하는 동기부여가 있어야 한다. 고영테크놀러지의 경우 그 동기는 바로 세계 최고의 메커트로닉스 제품을 만들어 보겠다는 열정이었다고 본다.

지금까지 납 도포 상태는 주로 2차원 영상처리(2D Image Processing) 기술로 검사가 이루어졌다. 그러나 2차원 방식으로는 정확한 납 도포 상태를 알아내는 데 한계가 있다. 반면 3차원 방식은 납 높이 및 3차원 형상을 알 수 있어 정확한 검사가 가능하지만, 처리 시간이 오래 걸려 소위 오프라인(Off Line) 검사에서만 적용되었다. 그러나 고영테크놀러지의 창립자 고광일 대표는 만약 전수검사(모든 생산라인에 직접 투입되는)를 하는 인라인(In-line)검사를 3D로 할 수 있다면 그야말로 세상에 없는 획기적인 제품이 될 것이라는 발상을 하게 된다. 그리고 현재 고영테크놀러지의 개발 주역들은 그림자 문제 등 어려운 과제[159]를 풀어내기 위해 보낸 일 년의 시간을 바탕으로 당시 세상에 없었던 인라인 3D SPI를 개발하게 된다. 이것은 쉽게 복제될 수 있는 기술도 아니다.

---

158) https://www.youtube.com/watch?v=F0CY6OajrGE
159) https://www.youtube.com/watch?v=z4C-fK12Yxg

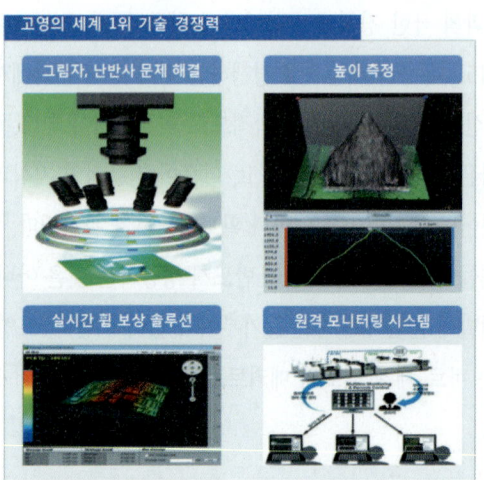

기술 자체가 인공지능을 기반으로 한 알고리즘 위주라 쉽게 복제가 되기 어려울 뿐 아니라 특허로 경쟁자들이 복제할 수 없도록 장벽을 쌓았기 때문이다. 고영테크놀러지는 SMT 검사 장비 분야에서 100여 건이 넘는 세계 특허를 보유한 것으로 알려져 있다.[160]

제조업에서 로봇의 성장 잠재력이 높은 곳은 검사 분야이다. 가령 스마트폰 조립라인에서는 작업자들이 스마트폰을 집어 스위치를 온·오프하고 모든 기능이 제대로 구현되는지 살펴본다. 또한 자동차 조립라인에서는 최종 검사 단계에서 문짝 등이 제대로 조립되었는지, 조립 과정에서 흠집은 없는지 검사하는 데도 외관 검사 로봇이 적용된다. 고영은 SMT 공정 검사 로봇에서 벗어나, 스마트폰의 흠집 등을 확인하는 검사 로봇을 개발하고 있다. 이러한 검사 작업은 인간이 수행하기에 피로도가 심하고 높은 집중력을 요구하기에 자동화가 절실한 분야이다. 이를 로봇이 수행하려면 높은 수준의 이미지 센싱 기술과

---

160) http://www.etnews.com/20161207000026

양·불량을 정확하게 판정하는 기계학습 판단 기술이 필요하다. 이러한 신규 MOI(Metal Optical Inspecton) 장비의 개발이 완료되어 2018년 새로운 외관검사 로봇의 출시가 임박한 것으로 알려진 것을 보면, 고영테크놀러지의 미래 성장성을 가늠해볼 수 있다.

고영테크놀러지는 차세대 성장동력 제품으로 뇌수술 로봇을 개발하여 2016년 12월에는 국내 최초로 식품의약품안전처로부터 의료 로봇에 대한 제조허가(KFDA)를 받았으며[161] 2017년 6월 국내 최초로 세계 로봇 지수에 편입되었다.[162] 그리고 2018년 미국 FDA 승인을 목표로 수술 로봇의 해외 진출을 준비 중인 것으로 알려져 있다. 장비 로봇을 넘어, 세계 수술 로봇업계를 리드할 고영의 앞날을 기대해 본다.

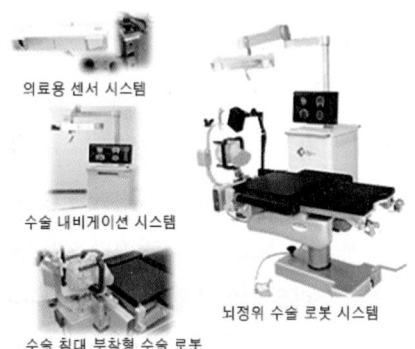

의료용 센서 시스템
수술 내비게이션 시스템
수술 침대 부착형 수술 로봇
뇌정위 수술 로봇 시스템

---

161) http://news.hankyung.com/article/2016120800951?nv=o
162) http://www.irobotnews.com/news/articleView.html?idxno=10910

# 2

# 서비스 로봇

### 아이로봇의 룸바

아이로봇(iRobot)사는 세계 최초로 가정용 로봇 룸바(Roomba)를 상품화한 기업이다. 2002년 설립된 이래 15년 만에 전 세계 누적 판매 대수 2천만 대를 돌파했다.[163] 룸바는 원반형 로봇 진공 청소기 형태로 집안을 돌아다니며 청소하는 로봇청소기이다. 물론 청소 능력은 흡입력에 달려있고, 작동시간은 충전용 배터리 기술에 달려있다. 하지만 로봇청소기 룸바가 집안을 누비면서 보다 효율적으로 청소를 하기 위해서는 경로 계획 기술과 위치 인식 기술이 필요하다. 위치 인식을 위해 매핑 기술을 이용하여 집안 구조를 파악한 후, 내장된 지도와 비교하여 자기의 위치를 인식하는 슬램(SLAM) 기술이 핵심이다. 매핑(Mapping)이란 집안의 지도를 그려 나가며 실내 구조나 가구의 위치 등의 데이터를 모으는 기능이다. 최근 이 회사 CEO인 콜린 앵글(Colin Angle)은 인터뷰에서 "로봇청소기가 청소하

---

163) http://www.irobotnews.com/news/articleView.html?idxno=11798

는 동안 매핑을 하고 있고, 그 데이터를 다른 기업에 판매할 계획이 있다."라고 밝힌 바 있다.[164] 룸바는 집의 크기와 가구 위치, 방에 배치된 물건 간의 거리 등 모든 종류의 정보를 수집해 차세대 IoT 기기가 진정한 스마트홈을 구축하는 것을 계획하고 있다. 이렇게 되면 온도조절기, 조명, 에어컨, 보안 카메라와 같은 다른 스마트홈 장치와 연동되어 스마트홈을 구축할 수 있다는 것이다. 예를 들면, 방의 크기에 대한 정보는 스마트에어컨이 방 전체의 공기 흐름을 제어하는 데 도움이 될 수 있고, 매핑 데이터는 실내 인테리어 및 디자인을 위한 앱을 만드는 데 도움을 줄 수 있다.

한편 앵글 CEO는 "가까운 미래에 애플, 아마존, 마이크로소프트, 구글 등의 기업들에 주택 정보를 판매할 수 있다. 하지만 사용자의 동의 없이는 판매하지 않을 것이다."라고 말했다.[165] 지금까지는 집의 정보를 비공개로 해왔으며 제삼자에게 공유하지 않는다고 한다. 그러나 앞으로라도 주택 정보를 판매하는 것은 사생활 침해, 개인 정보 보호 위반의 문제가 발생할 수 있다. 물론 고객의 동의를 받기는 하겠지만, 몇몇 앱이나 사이트와 같이 제품 사용을 위해서는 고객이 불가피하게 정보 수집 동의를 해야만 하는 상황이 발생할 것이다. 고객의 입장에서는 주의가 필요하지만, 주택 정보 판매 사업이 실시된다면 아이로봇의 또 다른 성장 발판이 될 것은 자명해 보인다.

이처럼 청소 기능 서비스를 넘어 주택 정보 판매 서비스까지 꿈꾸는 아이로봇의 혁신적 경영 전략과 아마존의 인공지능 비서인 알렉사(Alexa)를 지원하는 등 계속된 기술적 진화가 진공 청소 로봇의 신화를 써 내려간 아이로봇이 오랫동안 장수하게 된 비결이라 본다.[166]

---

164) http://www.boannews.com/media/view.asp?idx=56027&kind=1
165) http://www.irobotnews.com/news/articleView.html?idxno=11297
166) http://www.irobotnews.com/news/articleView.html?idxno=10138

## 유리창 청소 로봇, 윈도우메이트

유리창 청소 로봇 전문 업체 ㈜알에프는 세계 최초로 영구 자석을 내장한 유리창 청소 로봇 '윈도우메이트(Windowmate)'를 개발한 국내 서비스 로봇 기업이다. 윈도우메이트는 진공흡착 방식이 대부분인 외산 유리창 청소 로봇과 달리 영구 자석을 이용하여, 외부 충격으로 전원이 차단되거나 배터리가 없어도 추락하지 않는 등 안전성이 뛰어나다. 최근 '2017 국제 로봇전(IREX2017)'에서는 알에프의 일본 측 파트너 회사인 세일즈온디맨드코퍼레이션(Sales on Demand Corporation)에서 유리창 청소 로봇 윈도우메이트를 단독 부스로 출품했다. 이 로봇은 유리창 양면에 부착한 후, 버튼 하나만 누르면 자동으로 유리창의 폭과 높이를 자동인식, 자율주행으로 청소를 시작한다. 초음파 센서, 각도 센서, 접촉 센서, 마그네틱 센서 등 4가지 센서로 위치를 인식하고 자세를 제어하여 놓치는 부분 없이 깨끗하게 청소될 수 있음을 보여준다.[167] 손쉽게 탈부착할 수 있는 청소패드는 1㎠당 3만 5,000가닥의 울트라 퓨어 마이크로 화이버로 만들어져 유리 표면의 더러움을 완벽하고 효과적으로 제거한다. 무게가 900g에 불과하고 한 번 충전하면 150분 동안 사용할 수 있다. 자력 조절 기술과 이동 패턴, 초기 위치 복원 기술 등 유리창 청소 장치와 이동 제어 기술은 국내외 특허도 출원했다. 소비자의 시선에서 편리성을 강조해 간결한 사용법과 아름다운 디자인으로 글로벌 경쟁력을 갖췄다.

---

167) https://www.youtube.com/watch?v=oV2DcJntdMY

이 제품은 지난 1월 미국 라스베이거스에서 열린 'CES 2017'에서 혁신상(CES INNOVATION AWARDS) 2개 분야를 동시 수상하는 영예를 안기도 했다.[168] 알에프는 올해에만 일본 시장에 윈도우메이트 청소 로봇을 9,000대 수출했다. 올해 1만 대 정도 판매하였는데 그 중 90% 이상이 일본 시장에서 이루어졌다. 이러한 성장세에 힘입어 작년 7~8억 수준이던 연간 매출이 올해에는 400~500% 성장한 40억 원이 넘을 것으로 예상된다. 내년에는 일본 수출 호조에 힘입어 또다시 400~500% 성장한 150억 매출을 예상하고 있다.

유리창 청소 로봇은 가정뿐만 아니라 호텔, 레스토랑, 커피숍 등 상업시설에서도 유용하게 사용할 수 있다. 알에프는 일본 수출에 이어 독일, 프랑스, 스페인 등 유럽 유리창 청소기 시장에도 진출을 모색하는 등 서비스 로봇을 통한 혁신 기업의 모범적 사례가 되고 있다. 이 기업의 성공 요인은 영구자석을 최초로 사용하는 등의 창조적인 아이디어와 고객 만족도와 제품 완성도를 높이기 위해 끊임없이 기술개발에 투자하는 스타트업 정신에 있다고 본다.

---

168) CES 혁신상으로 '가정용 전자기기(Home Appliances)' 분야와 '더 나은 세상을 위한 기술(Tech For A Better World)' 분야 등 2개 부문을 수상하였다.

## 사비오크의 룸서비스 로봇, 릴레이

릴레이는 미국 실리콘밸리에 본사를 둔 로봇 벤처 회사인 사비오크(Savioke)가 개발·제조한 자율주행형 배달 로봇이다. 2013년 설립된 이 회사는 사람들의 생활을 보다 편리하게 만들고자 사람들이 있는 환경에서 동작할 수 있는 자율 로봇을 개발하고 있다. 릴레이는 세계 최초로 호텔 룸서비스 배달 로봇을 상용화함으로써 스낵과 칫솔 등 호텔 이용객이 원하는 물품을 아주 빠르게 배달하도록 설계되었다. 고객이 호텔 방에서 전화를 걸면 로봇이 직접 문 앞으로 요청한 비품이나 식품을 배달해 주는 자율주행 로봇이다.

윌로우 개러지 출신인 사비오크의 CEO 스티브 커즌스는 대부분의 호텔이 한밤중 배달 서비스에 취약한 것을 해결하기 위해 이 로봇을 개발하였다고 한다.[169] 릴레이의 키는 91cm이며 무게는 45kg이다. 커즌스는 윌로우 개러지의 창업자 스콧 하산이 워싱턴대 학부생일 때 인턴으로 고용하면서 그와 인연을 맺는다. 후에 하산은 커즌스를 영입하며 윌로우 개러지를 육성하게 된다.[170] 스콧 하산은 래리 페이지와 세르게이 브린과 함께 스탠퍼드대 '통합 디지털 도서관 프로젝트'에 참여한 바 있으며 구글 창업 초기에 투자한 것으로도 유명하다. 릴레이는 사람의 걷는 속도와 거의 유사한 속도로 이동 가능하며, 독립적으로 무선 인터넷을 사용하기 때문에 층간 사이와 호텔 엘리베이터에서도 직원들과 연결된다.

릴레이는 자율 이동 기능이 있으며 도킹 기반 충전이 가능하다. 현재 미국 실리콘 밸리의 크라운 플라자 호텔에서 운용되고 있으며, 300여 개가 넘는 객실을 관리하고 있다. 직원들과 고객들의 만족도는 매우 높은 것으로 알려져 있다. 이 제품의 성공 요인을 알아보자. 무엇보다도 호텔 룸서비스에 맞도록 수려

---

[169] http://focuson50.tistory.com/282
[170] http://www.irobotnews.com/news/articleView.html?idxno=6904

하게 디자인되어 고객 친화형으로 설계되었다. 귀엽고 독특한 외관은 아이들을 이 호텔에 묵고 싶게 만드는 유인 요소가 된다. 호텔에서 룸서비스는 사실 혼자 투숙한 여성들에게는 좀 난감하다. 그렇듯 직원과 얼굴을 맞대고 싶지 않은 투숙객들에게는 로봇이 편리할 수 있다. 이러한 시장의 요구를 적절히 반영한 로봇이 사비오크의 릴레이가 아닌가 싶다.

일본 매체에 따르면 시나가와 프린스 호텔은 2017년 10월 초부터 룸서비스 로봇 '릴레이(Relay)'를 사용할 계획이다. 로비에 위치하게 될 릴레이는 룸서비스 전화를 받으면 호텔 직원으로부터 물건을 받은 뒤 자동으로 엘리베이터를 타고 장애물과 사람을 피해 손님방까지 이동한다.[171]

방 앞에 도착했다는 알림은 전화를 이용한다. 직원과 얼굴을 맞대고 싶지 않은 투숙객들에게는 릴레이가 편리할 수 있다. 커버를 사용하여 배송 물품을 가린 것도 주목할 만하다.[172] 아울러 귀엽고 독특한 외관은 아이들이 이 호텔에 묵고 싶게 만드는 유인 요소가 된다. 이를 위해 사비오크는 정보통신 기술, 인공지능을 활용해 호텔을 운영하고 있다. 호텔은 이번 릴레이 로봇 도입을 통해 운영 노하우를 축적함으로써 향후 호텔에서의 배달 편리성과 운영의 효율성을 높인다는 계획이다.

### 소프트뱅크의 소셜 로봇 페퍼(Pepper)

소프트뱅크는 4차 산업혁명의 밑그림을 그리며 로봇 페퍼 사업을 본격 추진하고 있는 일본의 글로벌 IT 기업이다. 소프트뱅크가 2015년 6월 판매를 시작한 로봇 페퍼는 그해 12월까지 발매한 일반 개인용 총 물량 7,000대가 판매되고, 일본 전국 500여 개 기업이 법인용 페퍼(Pepper for Biz)를 도입한 상황이다. 2015

---

171) https://www.youtube.com/watch?v=AiZj7LTMjzs
172) http://www.zdnet.co.kr/news/news_view.asp?artice_id=20170731104500&type=det&re=

년 생산 능력으로는 매달 1,000대 발매가 가능했던 상황으로, 발매와 거의 동시에 해당 월 발매분이 매진되는 등 인기 행진을 벌이고 있다. 페퍼 월드(Pepper World) 2016에서 소프트뱅크는 법인용 페퍼 보급을 본격 추진한다고 발표하였다.[173] 고객 응대 등 비즈니스에 활용할 수 있는 앱을 탑재한 모델은 비즈니스 응용 프로그램의 커스터마이징과 여러 관리자의 웹 일괄 관리 등이 가능하며, 접객 대상자들과의 상호작용 분석 및 정보 축적 기능도 보유하고 있다. 법인용 페퍼를 사용 중인 기업은 '로봇 애플리케이션 마켓 for Biz'를 이용하여 자사의 페퍼 활용 목적에 맞는 로봇 앱을 선택하고 사용할 수 있다. 매월 5만 5,000엔 정도의 렌털 플랜으로 제공되며, 자연어 처리가 가능하여 소매점포, 관광, 개호 및 의료 서비스 등 다양한 분야에서 활약하고 있다. 또한 로봇 기술과 연계 가능한 앱 솔루션을 보유하여 로봇 기반으로 하는 솔루션 사업으로 신생 기업에 새로운 기회를 제공한다. 궁극적으로는 로봇 + AI, 로봇 + IoT 기술을 활용하여 사회 변혁을 가져올 이 제품에 대해 알아본다.

페퍼 월드 2016에서 보여준 페퍼가 변화시킬 미래상은 다음과 같이 요약된다. 소매점에서의 서비스, 접수와 관광 안내, 개호 및 의료 서비스, 교육 분야에서의 활용 등 네 가지 분야에서의 활용을 목표로 하고 있다. 소매점 서비스로는 소프트뱅크 매장에서 휴대폰 구매를 희망하는 손님 접객이 대표적이며, 분야 구분 없이 현재에도 다양한 업종에서의 활용이 이루어지고 있다. 네스카페의 경우, 150개 점포에서 페퍼를 도입하여 고객이 페퍼의 안내에 따라 본인의 취향을 선택하고 페퍼가 고객의 입맛에 적합한 커피머신을 안내해주는 방식을 활용하여 매상이 15% 증가하였다고 한다.[174]

---

173) https://www.inverse.com/article/22150-pepper-robot-usa
174) http://haehyo29.blog.me/220627972866

더불어 페퍼는 기업 접수처 담당자로서의 역할을 맡아 관광객을 대상으로 다국어 관광 안내원으로 활용되고 있다. 추후 인공지능 기술을 기반으로 얼굴 인식을 통한 방문자 접수, 방문자 안내 기록 빅데이터화를 통한 사후 고객 관리 활용까지도 계획 중이라고 한다. 개호 및 의료 서비스 분야에서는 체성분 분석, 건강검진 결과 등을 페퍼가 인식하고 월·연간 누적 결과를 바탕으로 페퍼가 고객의 현재 건강상태를 설명해주는 카운슬러로서의 활용 사업을 추진 중이다.

페퍼는 개호시설의 레크리에이션 담당자로서의 역할도 가능하다. 귀여운 얼굴을 지닌 페퍼의 친근한 목소리와 말투로 건강에 대해 조언함으로써 고객이 자신의 건강 상태를 확인하는 상황에서 맞닥뜨리는 공포감을 완화하는 효과를 기대하고 있다. 교육 서비스 분야에서의 활용은 초등학생도 배울 수 있는 간단한 페퍼의 운영 체계를 기반으로 한 앱 프로그래밍 교육 솔루션을 들 수 있다. 어린이들에게 '귀여운 존재'로 인식되는 페퍼가 매개체가 되어 '공부, 컴퓨터 프로그래밍은 어려운 것'이라는 부담감을 완화해주는 효과를 기대한다.

한편 소자 고령화(少子高齡化) 사회에 진입한 일본은 약 83%의 기업이 인재 부족을 겪는 시점이다. 일본의 2015년 노동 인구는 7,682만 명으로, 2045년에는 2015년 대비 약 30% 감소한 5,353만 명이 될 것으로 예측된다. 페퍼가 더욱 심각해질 노동력 부족 문제의 해결사 역할을 하기를 기대한다.

소프트뱅크 미야우치 사장은 2016년은 자사의 스마트로봇 원년이라 표현하면서 현재 GE 헬스케어와 같은 대기업부터 스타트업까지 '페퍼 애플리케이션 파드니'로 인증받은 기업이 200개를 돌파한 상황으로 페퍼 하나로 모든 생활·사업 체계를 운영할 수 있는 플랫폼이 갖춰진 상황이라 표현한다.[175] 또한 미야우치 사장은 일본발 로봇 페퍼가 4차 산업혁명의 중심에 서서 로봇 + 사물인터넷(IoT), 로봇 + 인공지능(AI)의 방향으로 사회변혁을 이끌어갈 것이라 밝히고 있다. 소프트뱅크가 그리는 궁극의 미래는 페퍼가 과거 애플 아이폰과 같은 역할을 하는 세상으로, 소프트뱅크는 페퍼를 중심으로 한 새로운 관련 IT 산업의 활성화까지 꿈꾸고 있다. 아이폰 출시 이후 애플리케이션 시장이란 개념이 새롭게 등장하여 스타트업 생태계가 구성됐던 것과 같이 페퍼 중심의 새로운 IT 세상을 그리고 있는 것이다.

미래학자들은 30년 안에 인간의 지능을 능가하는 특이점(Singularity)이 출현할 것으로 예측하고 있다. 프랑스 로봇 기업 알데바란은 2년간 보안을 유지하며 페퍼 로봇을 개발하였고, 이것이 소프트뱅크에 인수되었다. 페퍼 역시 애플처럼 OS를 비공개하고 앱 개발 회사 200여 개와 연대하여 생태계를 구성하고 있다. 3~4천만 원대 로봇을 무려 200만 원에 공급하면서 3년간 통신/SW 사용료를 징수하는, 일종의 렌털 방식의 비즈니스 모델을 구축하였다. IBM 왓슨(Watson)과의 협력을 통해 세계 각국 언어로 확장 중에 있으며, 중국의 알리바바(Alibaba), 폭스콘(Foxconn) 등이 투자자로 참여하고 있다.

한편 소프트뱅크(Softbank)가 구글 모회사인 알파벳으로부터 보행 로봇 전문 업체 보스턴 다이내믹스(Boston Dynamics)와 샤프트를 인수함에 따라 향후 로봇 사업 전략에 관심이 쏠리고 있다. 알파벳은 2013년 앤디 루빈 주도하에 보스턴 다이내

---

[175] http://haehyo29.blog.me/220627972866

믹스를 비롯해 샤프트(2족 보행), 레드우드 로보틱스와 메카(물체 잡는 로봇), 인더스트리얼 퍼셉션(창고 로봇을 위한 컴퓨터 비전), 홀롬니(바퀴 로봇), 봇 & 돌리(영화 세트 로봇) 등 로봇 업체를 대거 인수했으나, 2014년 루빈이 알파벳을 떠나면서 로봇 전략에도 변화가 있을 것으로 관측되어 왔다.[176]

알파벳의 매각 이유는 정확하게 알려지지 않았지만 소프트뱅크의 인수 배경은 비교적 명확하다. 보행 로봇 기술에 집중투자하겠다는 소프트뱅크의 의지가 드러난 것이다. 손정의 소프트뱅크 회장 겸 CEO는 "오늘날 인간의 능력으로는 해결할 수 없는 많은 문제가 있으며 이는 정보 혁명의 다음 단계인 스마트로봇 공학에 의해 해결될 것"이라며 "보스턴 다이내믹스는 첨단 다이내믹 로봇 분야에서 기술 리더"라면서 인수 배경을 밝혔다. 소프트뱅크가 여러 업체 가운데서도 이들 두 보행 로봇 업체를 인수한 것은 인간과 동물처럼 움직이는 기계에 대한 비전을 명확히 한 것이라는 견해이다. 그동안 소프트뱅크는 휴머노이드 로봇에 집중투자해 왔지만 아직 성공적이라고 보기는 힘들다. 사무실과 상점, 공항 등 서비스 로봇으로 투입된 페퍼는 인기에도 불구하고 상업적인 성공은 아직 입증되지 않았다. 보스턴 다이내믹스 인수는 일본의 25% 이상을 차지하는 노령 인구를 위한 도우미 로봇 시장을 겨냥한 것으로 보인다.[177]

다리가 달린 로봇은 비싸고 제작하기가 어려울 뿐 아니라 넘어지지 않고 계속 보행한다는 것 자체가 매우 어려운 작업이다. 균형을 유지하기 위해 필요한 시스템이 지속적으로 에너지를 사용하기 때문에 전력 소모도 많다. 하지만 바퀴 달린 자동차가 인간이 도달할 수 있는 곳의 겨우 일부만 커버할 수 있듯이 로봇이 진정한 인간의 동반자가 되려면 보행이 가능해야 한다는 것이 소프트뱅크의 판단으로 보인다. 당장 상용화가 가능하지 않더라도 미래를 위한 투자로써 충분히 가치가 있다는 것이다.

---

176) http://www.irobotnews.com/news/articleView.html?idxno=10914
177) http://www.irobotnews.com/news/articleView.html?idxno=10914

소프트뱅크는 최근 들어 스마트기계 분야 인수합병에 더욱 적극적이다. 최근 영국의 칩 설계사인 ARM을 인수했으며 칩 메이커 엔비디아에 40억 달러를 투자했다. 그리고 런던에 본사를 둔 시뮬레이션 회사 임프로버블을 유니콘 기업으로 변모시키기도 했다. 또 사우디아라비아와 공동으로 1천억 달러 규모의 투자를 시작했는데 그 중 상당 부분이 미국에 투자될 예정이다. 일본 소프트뱅크가 1천억 달러 규모로 조성하고 있는 '비전 펀드(Vision Fund)'의 흥행몰이도 눈여겨볼 대목이다. 최근 애플이 10억 달러를 비전 펀드에 투자하기로 하면서 사우디아라비아 공공 펀드는 450억 달러를, 퀄컴, 폭스콘, 오라클 등은 각각 10억 달러를 투자하기로 했다. 더불어 소프트뱅크는 런던에 본부가 있는 비전 펀드에 280억 달러를 투자한다고 발표했다.

소프트뱅크는 비전 펀드로 조성된 투자자금을 인공지능·로봇·사물인터넷 등 미래 성장 산업 분야에 집중적으로 투자할 예정이어서 로봇업계의 관심이 집중되고 있다. 작년 10월 손정의 회장은 비전 펀드 조성 계획을 발표하면서 테크놀로지 분야에서 1천억 달러 규모의 세계 최대 펀드를 만들겠다고 선언했다.

삼성전자가 최근 'CES 2017' 현장에서 1억 5천만 달러의 '삼성 넥스트 펀드'를 조성해 가상현실·인공지능·사물인터넷에 투자한다고 발표한 점을 감안하면 소프트뱅크 비전 펀드의 엄청난 규모를 짐작할 수 있다. 게다가 손 회장은 얼마 전 도널드 트럼프 미 대통령 당선인을 만난 자리에서 미국에 500억 달러 규모 펀드를 조성해 5만 개의 일자리를 만들겠다고 약속했다.[178]

소프트뱅크는 비전 펀드 투자자금 가운데 상당 부분을 테크 분야 유망 스타트업에 투자하기로 했는데, 그동안 손 회장이 인공지능·사물인터넷의 리더가 되겠다고 일관되게 강조한 점을 감안할 때 이 분야에 집중될 것으로 예상된다.

---

178) http://www.irobotnews.com/news/articleView.html?idxno=9591

로봇 전문 매체인 '로보틱스 비즈니스 리뷰'는 소프트뱅크가 비전 펀드 조성을 계기로 소프트뱅크의 로봇 자회사인 '소프트뱅크 로보틱스 그룹'을 세계 제1의 로봇 기업으로 키울 것이라고 지적했다.

소프트뱅크 로봇 그룹은 작년 11월 '소프트뱅크 로보틱스 홀딩스'로 이름을 바꾸고 새로운 도약을 준비하고 있다.[179) 현재 소프트뱅크 로보틱스 그룹은 전 세계적으로 1만 대의 페퍼 로봇을 공급하고 있는데, 앞으로 소매·안내 등 기존의 분야에서 벗어나 헬스케어 분야로 진출할 계획이다. 이와 함께 소프트뱅크는 최근 미국 샌프란시스코에 페퍼 사업에 집중할 전초기지를 열었다.[180) 또 페퍼용 안드로이드 개발자 키트도 공개했다. 소프트뱅크의 이 같은 전략에 마이크로소프트, IBM, 구글 등 글로벌 IT 업체들이 지지 의사를 보내고 있으며, 앞으로 비전 펀드 자금이 로봇과 인공지능 분야에 흘러들어오면 소프트뱅크와 로봇 자회사인 '소프트뱅크 로보틱스 그룹'의 시너지 효과는 더욱 증대될 것으로 예상된다. 세계 제1의 로봇 업체를 꿈꾸고 있는 '소프트뱅크 로보틱스 그룹'의 행보가 더욱 주목되는 시점이다.

## LELY의 우유 짜는 로봇

LELY는 세계 최초로 착유 로봇을 상용화시킨 네덜란드의 농축산 ICT 기업이다. 농축산 분야는 세계적으로 로봇 기술을 도입하고자 노력하는 분야 중 하나이다. 그러나 역설적으로 농축산 분야는 로봇을 도입하는 것이 가장 어려운 분야 중 하나이기도 하다. 로봇은 공장과 같이 작업물과 작업 공간이 정확하게 정의된 환경에서 주로 사용되는데, 2장에서 설명한 바와 같이 로봇이 자신의 위치를 알거나 작업물의 위치와 모양을 아는 것은 어려운 기술이기 때문이다.

---

179) http://news.joins.com/article/21660475
180) http://www.irobotnews.com/news/articleView.html?idxno=9591

그런데 농축산 환경은 야지에서 작업이 이루어지거나 살아있는 생물체(가축)를 대상으로 한다. 따라서 특정한 작업으로 명확하게 정의하지 못하면 로봇을 도입하는 것이 매우 어려운 환경이다. 그런데 네덜란드에서는 로봇 착유기를 성공적으로 낙농업에 적용하고 있다.[181] 그 성공의 열쇠는 무엇이었을지 하나씩 살펴본다.

착유는 사실 농부가 원할 때 하는 것이 아니라 젖소가 준비되었을 때 하는 것이 최상의 우유를 얻을 수 있는 작업이다. 그러나 사람이 작업하면 불가피하게 작업 시간을 하루에 두 번 정도로 정하고 나머지 시간에는 축사를 관리하는 등의 다른 작업을 하게 된다. 결국 젖소의 상태와 상관없이 작업 시간에 맞추어 착유 작업을 하기 때문에 최상의 우유를 얻을 수 없고, 착유량도 줄어들 뿐만 아니라 유방염 등의 발생 가능성도 높아질 수밖에 없다.

착유 로봇을 이용하여 착유 작업을 하면 상황이 다음과 같이 달라진다. 젖소들이 젖이 가득 차게 되어 젖을 짜고 싶으면 로봇에게 가서 차례를 기다린다. 로봇은 초음파 등을 이용하여 젖소의 젖꼭지 위치를 파악하고 깨끗하게 세척을 한 후 젖꼭지별로 착유 컵을 정확하게 부착한다. 착유를 마친 후에는 착유 컵을

---

181) https://www.youtube.com/watch?v=4ahez-7cDdM

떼어내고 젖소를 밖으로 내보내는 과정이 이루어진다. 착유 과정 중에는 우유의 품질을 온라인으로 체크하고 젖 짜는 동안 젖소에게는 약간의 간식이 제공된다.

이러한 착유 로봇 LELY[182]가 성공적으로 개발 및 보급될 수 있었던 데에는 네덜란드의 낙농업이 강력한 지식 기반 산업으로 육성되고 정부와 민간의 협력을 통한 학제적 연구를 통해 지속적으로 경쟁력이 향상되고 있기 때문이다. 이를 바탕으로 LELY는 젖소의 특성과 최상의 우유를 얻을 수 있는 조건을 연구하여 단순히 사람의 노동을 덜어주는 착유 자동화를 넘어 사람이 할 때보다 더 나은 착유 시스템을 개발한 것이다.[183] 착유 로봇 LELY의 가격은 1.5억 원 수준으로 70마리의 젖소에 대해 1일 3~5회씩 젖을 짤 수 있다. 이미 국내에도 수십 군데의 농장에서 LELY를 사용하고 있을 정도로 인기가 많다. 업종에 대한 깊은 이해 속에 만들어진 제2의 LELY가 우리나라에서도 출현하기를 바란다.

### 공룡이 체크인 받는 호텔, 헨나호텔

앞에서 룸서비스 로봇을 개발하여 성공적으로 호텔에 진입하고 있는 로봇 회사 사비오크를 소개한 바 있다. 그런데 일본에는 룸서비스뿐만 아니라 호텔 서비스 전반에 로봇을 도입한 호텔이 있다. 2015년 일본의 나가사키현에 문을 연 헨나호텔이 그곳이다. 이름부터 '이상한 호텔'이라는 의미를 지닌 이 호텔에서는 고객을 대면하는 서비스 전반에 로봇을 활용하고 있다.[184] 먼저 호텔에 도착하면 로비에는 여성 직원과 공룡 직원(?)이 있는데, 둘 다 로봇이다. 여성형 로봇과 공룡형 로봇이 고객에게 음성 안내를 해주고 고객은 터치스크린을 이용하

---

182) https://www.lely.com/
183) https://www.farmanddairy.com/news/robotic-milkers-benefit-smal
184) https://www.youtube.com/watch?v=P9DBb-Eng20

여 체크인 과정을 진행하게 된다.

체크인이 끝나면 으레 호텔 벨보이에 의해 전달되는 고객의 짐이 여기서는 로봇 벨보이에 의해 옮겨진다.

물론 짐을 싣고 내리는 것은 고객의 몫이다. 하지만 벨보이 로봇이 고객의 짐을 방까지 알아서 옮겨준다. 객실 문은 체크인 시 등록한 얼굴 인식을 통해 자동으로 열린다. 호텔 방에서도 로봇이 서비스를 해준다. 침대 머리맡에 있는 작은 로봇은 고객의 질문에 응대하기도 하고 전등을 켜고 끄는 등의 룸 조명 관리도 할 수 있다. 룸서비스를 시키면 사각형의 이동 로봇이나 무인기가 음료 등을 방까지 운반하기도 한다.[185]

방으로 가져가지 않고 호텔에 맡기는 짐이 있다면 공장에서 볼 수 있는 로봇 팔이 손님의 물건을 받아서 사물함으로 자동으로 옮겨 보관해준다. 손님을 응대하는 모든 곳에 로봇이 배치된 것이다. 헨나호텔은 아직 매우 시범적이다. 오히려 로봇을 사용한다는 것의 홍보 효과가 더욱 크다고도 할 수 있다. 그러나 고령 인구가 빠르게 증가하고 있고, 반대로 노동 가능한 인구는 감소하고 있는 일본에서 단순 홍보 효과를 넘어 실질적인 인력 대체의 효과를 낼 수 있을 것으

---

[185] http://www.huffingtonpost.kr/2015/07/16/story_n_7807912.html

로 기대되고 있다. 실제로 헨나호텔의 하루 숙박료는 9천 엔(약 8만 3천 원)으로, 비슷한 수준의 다른 호텔에 비해 절반 이하 수준이라고 한다.[186]

한국은 일본보다 더 빠른 고령화 추세를 보인다. 더욱이 세계 최저 수준의 출생률은 우리의 노동인구가 그만큼 빠르게 감소할 것을 의미한다. 최근 한국에서도 무인 편의점이 시도되고 있다. 이제 우리도 로봇과 무인화를 생활 전반에 활용해야 할 때가 다가오고 있는 것이다. 헨나호텔의 로봇 활용 사례를 단순히 마케팅으로 치부해서는 안 되는 이유가 여기에 있다.

---

186) http://japan-magazine.jnto.go.jp/ko/1603_hennahotel.html

# 3

# 의료용 로봇

## 인튜이티브 서지컬의 다빈치 시스템

　인튜이티브 서지컬, 1995년 설립되어 2000년 뉴욕증시에 상장하며 4,600만 달러를 모아 세상에 알려졌다. 최고경영자(CEO)는 게리 굿하트(Garry S Guthart)이다. 그는 UC 버클리 공대를 나온 후 캘리포니아 공대에서 공학박사를 받았다. 그리고 1996년 인튜이티브에 합류해 2010년 CEO가 되었다. 인튜이티브 서지컬의 본사는 미국 캘리포니아주 서니베일에 있다. 직원 수는 3,250명, 시가총액 30조, 작년 매출 2조 6,700억 원, 순이익률 33%, 전 세계에 3천5백여 대 공급, 전 세계 수술 로봇 시장점유율 97%. 이것이 지난 10년간 인튜이티브 서지컬의 경이로운 기업실적이다.[187] 우리나라도 2017년 7월 현재 46개 병원에서 인튜이티브 서지컬의 로봇 59대가 설치되어 있다. 인튜이티브 서지컬사는 복강경 로봇 하나만으로 이 같은 실적을 내었다. 복강경 로봇, 이것은 어떤 로봇인가? 이를

---

187) http://blog.joins.com/media/folderlistslide.asp?uid=kckohkoh&folder=64&list_id=15156500

이해하려면 복강경 수술을 이해해야 한다. 복강경 수술이란 한마디로 복강경(Laparoscope)을 가지고 하는 수술을 지칭한다. 복강경이란 말 그대로 복부를 들여다보는 일종의 내시경이다. 다만 진입 경로가 입이 아니고 배에 낸 구멍이다. 복강경 수술 이전에는 개복수술(Open Surgery)이 대세였다. 개복수술에서는 의사가 수술을 하기 위해 수술칼을 가지고 환자의 복부를 십자 형태로 절개했다. 당연히 수술 중 출혈량이 많고 마취 시간이 길어지며, 수술 후 흉터가 크게 남는 전통적인 외과수술 방법이었다.

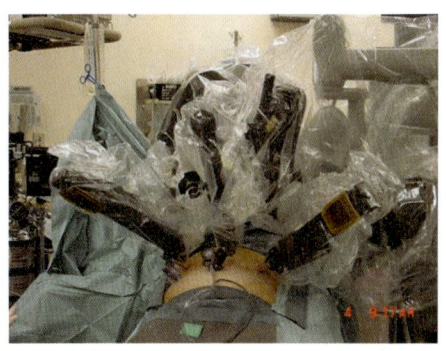

200년 가까이 이어져 오던 개복수술이 복강경 수술로 대체되기 시작한 것은 불과 50년 전이다. 복강경 수술을 하면 복부에 2~3개의 구멍을 뚫는 작은 절개만으로 수술이 가능해진다. 이러한 수술을 최소 침습 수술(Minimum Invasive Surgery)이라 부른다. 의사들은 복강경과 가는 집게형 수술 도구를 작은 구멍을 통해 체내에 집어넣어, 복강경을 통해 비친 수술용 모니터를 통해 복부 안의 장기를 보며 수술을 한다. 당연히 작은 구멍만을 내니 수술 중 출혈량이 적고, 회복 기간이 빠른 장점이 있다. 수술 후 흉터 역시 비교도 안 되게 적게 남아 웬만한 긴급 수술이 아니라면 복강경 수술을 하는 것이 대세로 자리 잡게 되었다.

이러한 복강경 수술의 유일한 단점은 기술을 배우기가 어렵다는 것이다. 작은 구멍이 중심축이 되어 수술 도구가 움직이다 보니 수술 도구 말단의 움직임과 집도의 손의 방향이 서로 엇갈리는 소위 거울 효과가 수술을 막 배우는 수련의들에게 큰 장벽이 된다. 그래서 보통 숙련된 복강경 수술 의사가 되는 데 최소 5년 이상이 걸리는 긴 러닝커브가 문제이다. 또한 수술 도구가 직진 형태라서 복강 내의 움직임에도 한계가 있다. 혈관을 이어주는 복잡한 수술은 복강경 수술로 하기에는 거의 불가능하다. 게다가 수술 시간도 오래 걸려 외과 의사들의 손 저림 및 수술 후 피로도가 극에 달하는 등 많은 문제점들이 있다.

이러한 복강경 수술을 로봇 수술로 대체해 보자는 것이 바로 인튜이티브 서지컬의 창업자 그룹의 아이디어였다. 다빈치 시스템은 기존 복강경 수술의 거울 효과를 로봇 기술을 이용하여 해소하여 집도의가 작은 수술 도구를 마치 자신의 손처럼 느끼며 움직일 수 있도록 하는 기능이 있다.[188] 물론 1999년 상품화 첫해부터 사업적으로 성공한 것은 아니었다. 세계 최초 수술 로봇으로 FDA 승인을 처음 받은 동사는 초기에 심장 수술용으로 복강경 수술 로봇을 출시하였는데, 병원에서 바로 활용되지는 못하였다. 일단 심장 수술의 수술 케이스 자체가 그리 많지 않았고, 수술 효과도 이전의 수술과 별 차이를 보이지 않았기 때문이다. 회사의 실적이 크게 나아지지 않아 경영적 어려움을 겪는 회사를 살려 준 것은 그다음 해인 2001년에 FDA 승인을 받은 전립선 수술용 다빈치였다. 전립선에 생기는 암을 제거하는 이 수술은 복잡하게 얽혀 있는 신경세포를 건드리지 않아야 발기부전이라는 후유증을 피할 수 있다. 그야말로 정교함을 요하는 수술인 것이다. 이 수술에 다빈치 시스템이 효과적이라는 점이 입증되면서 인튜이티브 서지컬사는 경영적 위기를 벗어나게 된다. 이후 위암, 대장암, 자궁암, 갑상선암 등 거의 모든 영역의 암 수술에 로봇 수술의 유효성이 입증되면서

---

188) https://www.youtube.com/watch?v=dkEPsXHFQYA

다빈치 시스템은 복강경 수술 로봇계의 왕좌를 차지하게 된다.

물론 경영적 어려움 외에 다른 어려움도 있었다. 당시 유사한 제품을 보유하고 있던 컴퓨터모션사(Computer Motion Inc.)는 다빈치 시스템보다 유럽에서 먼저 승인(CE)을 확보한 상태였으며 실제 수술에도 제품이 사용되고 있었고, 인튜이티브 서지컬을 상대로 특허 침해소송을 제기하였다. 결국 두 회사는 2003년 병합을 통해 분쟁을 해소한다. 시기적으로 컴퓨터모션사가 조금 앞선 것으로 보는 사람들도 많았으나 대형 투자자들이 기술적인 면에서 인튜이티브 서지컬사의 손을 들어준 것으로 보인다.

다빈치 시스템의 성공 요인은 다분히 시장의 요구를 철저히 반영한 것에 있다. 즉, 수술현장에서 집도의들이 행하던 복강경 수술에 주목했으며, 복강경 수술 로봇이 갖고 있는 문제점들을 기술적으로 해결하는 것을 목표로 삼았다.

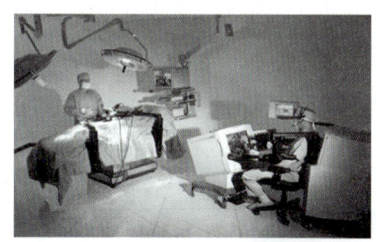 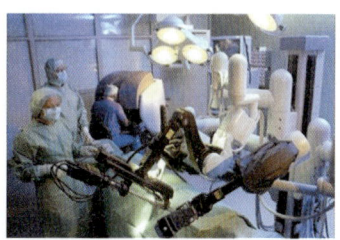

컴퓨터모션사 제품    초창기 다빈치 로봇 제품

복강경 수술에서 가장 중요한 것은 수술 시야이다. 작은 구멍을 통해 들여다 본 인간의 몸속은 그야말로 안개 속이나 다름이 없다. 분명 수술 전에 미리 수술 계획을 세우고 들어가도 일단 몸속으로 수술 도구가 진입하면 장기들이 뒤섞이고 혈관과 신경들이 복잡하게 얽혀 있어 목표에 해당하는 병변의 위치를 찾기 어렵다. 실제 수술현장에서 환자의 마취시간은 다 되어가는데 제거해야 할 암세포의 위치를 추적하지 못하고 계속 여기저기를 들춰내다가 도로 덮고 나오는 경우가 있다고 한다.

이를 해결하기 위해서는 시야를 마치 개복수술을 하는 것처럼 훤히 확보하는 것이 중요하다. 인튜이티브 서지컬은 이 점을 크게 주목하였다. 그리하여 세계 최초로 스테레오타입 3D 복강경을 개발하게 된다. 이것은 불과 18mm의 직경으로 구현한 CCD 타입의 입체 복강경으로 복강 내부의 장기를 입체로 보여주며, 마치 의사가 환자의 몸에 들어간 것 같이 실제와 흡사한 현실감을 제공한다. 그뿐만 아니라 5배, 최대 10배 등 장기를 확대해서 보는 기능도 제공하여, 복강경 수술 로봇을 처음 써보는 의사들을 크게 만족하게 하였다. 실제 복강경 수술 로봇을 써본 의사들은 이구동성으로 이 로봇의 입체 내시경이 훌륭하다고 말한다.[189]

입체 내시경에 이어 의사들을 환호하게 만든 것은 바로 길고 가늘게 설계된 4자유도의 초소형기구 손목형 수술 도구였다.[190] 15mm 직경의 다빈치 시스템의 수술 도구(Surgical Instrument)는 180도의 회전반경을 가지며 미세조정으로 수술 시 의사의 정교한 움직임을 가능하게 하였다. 이를 통해 혈관을 꿰매어 이어주는 등 기존 복강경 수술 로봇이 할 수 없었던 정밀한 수술도 가능해졌다.

---

189) https://www.youtube.com/watch?v=4XcKtEYJG74
190) http://www.birminghambowelclinic.co.uk/da-vinci-robotic-colorectal-surgery-comes-to-birmingham/

다빈치 수술 로봇을 가지고 포도의 껍질을 벗기는 동작을 보여주는 유튜브 동영상[191]은 이 수술 로봇 동작의 정교함을 입증하고 있다. 사실 의사의 손놀림을 로봇이 대신한다는 아이디어는 이미 90년대 중반 스탠퍼드 전략 연구소(SRI)의 연구 테마에 있었다. 다빈치 수술 시스템은 원래 미국의 비영리 연구소인 SRI International에서 1980년대 말에 시작된 연구가 1990년 국립보건원(NIH)의 지원을 받아, 그때 개발된 원격 수술 로봇 프로토타입 시스템에서 시작되었다. 다만 당시에는 이라크전쟁이 한창이던 때라 전장에서 다친 군인의 상처를 의사가 봉합하는 원격 수술의 개념으로 출발하였다.

여기에는 원격조작(Tele-operation) 기술이 적용되는데, 이 기술의 핵심 요소가 바로 싱크로율이다. 의사의 손동작을 지연(Latency) 없이 재현하려면, 손동작의 흐름을 파악하여 예측 동작을 해야 한다. 그렇지 않으면 동작 지연이 발생한다. 이러한 지연을 방지하기 위해 사용되는 기술이 예측 기반 피드포워드 제어 기술이다. 실제 다빈치를 사용해본 의사들의 평가로는 마스터 장치라 불리는 조종간의 움직임과 슬레이브 로봇 간의 동작 지연은 거의 느낄 수 없다고 한다.

슬레이브 로봇은 수술 도구와 메인 바디로 구성된다. 수술 도구는 트로커라는 보조 장치를 통해 환자의 몸 안으로 진입하는 부분이고, 메인 바디는 환자의 몸 밖에서 수술 도구의 위치와 방향을 제공하는 5축 머니퓰레이터이다. 문제는 이 5축 로봇은 평행사변형 4-링크 구조로 되어 있어 환자의 진입 구멍을 중심으로 기계적 회전 중심을 수동적으로 갖도록 설계된다는 것이다. 이 아이디어는 본 시스템이 FDA 3등급 제품으로 허가받는 데 결정적으로 기여한 것으로 알려진다. 그만큼 기계적 안정성이 보장된 구조로서 다빈치 시스템이 핵심 특허 중 하나이다.

다빈치 시스템의 수술 도구들은 텐덤 방식의 구동 시스템을 채택하고 있다.

---

191) https://www.youtube.com/watch?v=CUD-RW8bOzM

이러한 텐덤 방식의 채택으로 수술 도구가 더욱 작게 제작될 수 있었고, 수술 도구의 직경이 작아짐에 따라 작은 흉터만 내고도 성공적인 수술이 가능해진 것이다.

그런데 텐덤 방식의 단점은 구동 와이어에 피로 현상이 있어 여러 번 사용하면 소성 변형되는 수명 한계가 있다는 점이다. 이러한 구조적 모순을 다빈치는 착탈 방식을 통해 해결했다. 착탈식 수술 도구들은 직접 몸에 들어가는 형태로 되어 있기에 당연히 멸균되어야 했고, 어느 정도 사용한 후에는 버리는 소모적(Disposal) 부품이 되었다. 복강경 수술은 한 번의 수술에도 5~6종 이상의 도구가 사용되며 수술 종류마다 용도에 맞는 특수한 수술 도구가 요구된다. 다빈치 시스템은 회사가 보유하고 있는 수술 도구 기술개발에 집중투자하여 100여 종에 가까운 수술 도구를 상용화하고 있어 다양한 수술에 활용되도록 하였다.

다빈치의 수술 도구는 이처럼 뛰어난 기능으로 의사가 성공적인 수술을 하는 데에 도움을 주지만, 인튜이티브 서지컬사로서는 또 다른 의미가 있다. 바로 회사 매출의 절반 이상이 수술 도구를 포함한 수술 시스템 액세서리 및 유지보수에서 발생하기 때문이다. 인튜이티브 서지컬사는 기능적으로 훨씬 더 많은 횟수의 사용이 가능한 수술 도구를 감염 위험과 도구 관리 문제 등을 이유로 10회만 사용하도록 제한하고 있다. 이러한 제한은 권장 사항 정도가 아니다. 도구를 수술 시스템에 장착할 때마다 착탈 횟수를 카운팅하여 수술 도구에 내장된 칩에 기록하고 시스템 자체에서 수술 도구의 사용을 제한한다. 이 때문에 로봇 수술의 비용을 상승시키는 요인으로 꼽힐 만큼 비용 측면에서 상당한 비중[192]을 차지하고 있다.

이밖에도 다빈치를 분석해 보면 다양한 사업적 성공 요소를 발견할 수 있다.

---

192) 다빈치 수술 로봇의 국내 판매 가격은 기종에 따라 20~30억, 다빈치 수술 도구의 평균 가격은 약 500만 원 수준이다.

인체공학적으로 설계된 서전 콘솔, 마스터 장치의 몰입성을 높이기 위한 접안형 대안렌즈 구조, 손의 피로도를 최소화할 수 있는 조종간의 균형 메커니즘, 페달을 사용한 복강경 제어 등이 그것이다.

특히 도킹(Docking) 과정이라 불리는 수술 로봇의 진입 지점(Entry Point)을 설정할 때 쓰이는 직접 교시 방식도 빼놓을 수 없다. 로봇팔들이 서로 부딪히지(Fighting) 않도록 각 팔의 위치와 방향을 설정하는 일은 많은 로봇 수술 경험을 쌓은 의사들의 노하우라고 할 정도로 매우 중요한데, 이 작업을 짧은 시간 안에 간소하게 할 수 있는 방식이 직접 로봇 암을 손으로 움직이는 직접 교시(Direct Teaching) 방식이다.

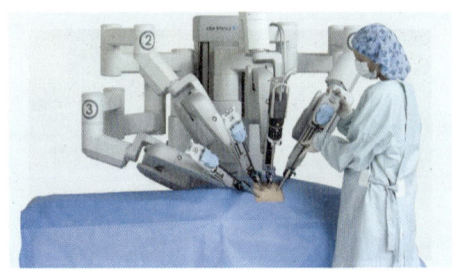

다빈치는 직접 교시를 위해 암의 어깨 부위에 설치된 푸시 버튼 스위치를 눌러 전기적 브레이크를 해제하고, 사용자의 움직임을 반영하여 능동적으로 제어

하는 방식을 채택하고 있다.

다빈치의 성공은 단순히 수술 로봇의 성공을 떠나 전체 로봇 사업이 가야 할 방향을 제시하고 있다. 그 첫 번째는 로봇 사업의 성공은 기술적 핵심을 사용자의 요구에 철저히 맞추는 데 달려있다는 교과서적인 사업 성공 요인을 철저히 따랐다는 것이다. 두 번째는 남들이 생각하지 못한 혁신적인 아이디어를 채택하고 이를 철저히 특허로 보호하여 독점적 지위를 확보했다는 것이다. 동사는 다빈치 시스템에 대한 특허 250여 건을 갖고 있다. 이제 다빈치는 기존 멀티형 복강경 수술 로봇에 만족하지 않고 단 하나의 구멍을 통해 수술을 시행하는 싱글포트형 차세대 수술 로봇의 출시를 준비하고 있다고 한다.[193] 물론 FDA 승인도 획득하였다.

2020년경이면 인튜이티브 서지컬사가 확보한 기본 특허(원격회전 중심, 착탈형 수술 도구 등)는 모두 풀린다.[194] 수술 로봇 산업의 차세대 패러다임은 환자의 흉터를 보다 작게 줄여주는 싱글 포트, 더 나아가서는 아예 흉터가 없는 자연 개구부(NOTES) 수술이 될 것이다. 다빈치의 성공 요인이 국내 수술 로봇 기업, 더 나아가 전체 로봇 기업에 주는 시사점을 놓치지 말아야 한다.

---

193) https://www.youtube.com/watch?v=NCWKMWdFpdE
194) http://health.hankyung.com/article/2017110809271

## 바이오닉스(BIONX)사

바이오닉스사[195]는 창립자 중 하나인 MIT의 휴 허(Hugh Herr)교수를 빼놓고는 얘기할 수 없다. 그는 어려서부터 암벽 등반을 좋아하는 등반가였다. 17세에 이미 미국에서 이름을 날리는 등산가였던 그는 18세에 빙벽 등반 코스를 도전하다가 눈보라에 갇혀 3일 밤을 조난당한 상태로 있다가 가까스로 구조되었으나 심각한 동상으로 인하여 양쪽 다리(무릎 아래)를 절단해야 했다. 보통 사람이라면 좌절했을 법도 한데 그는 몇 달 만에 빙벽 등반을 할 수 있도록 자신의 다리에 단단한 발끝을 갖는 의족을 장착하고 빙벽 등반을 시도할 정도로 도전을 계속하는 사람이었다. 그는 대학을 졸업한 후 MIT 기계공학과에서 석사 학위를 받고, 하버드 생물물리과에서 박사 학위를 받았다. 이때 인간 다리의 기능을 모사하고 보완할 수 있는 의족에 대한 연구를 지속하였고, 결국 세계 최초로 동력이 들어가는 발목 의족을 개발하였다.

Herr 교수가 개발한 발목 의족은 2007년에 그의 스타트업인 iWalk로 라이센스되었고, 2010년 상용화 개발이 완료되어 2011년 상용화가 시작되었다. 그의 로보틱 의족이 보통사람들에게 알려진 것은 2014년의 TED 강연에서였다.[196] 이 강연에서 그는 의족을 한 사람이라고는 생각도 못 할 만큼 자연스럽게 걷고 뛰는 모습을 보여준다.

그는 로봇 의수를 통해 원하는 키가 될 수도 있고, 암벽 등반·빙벽 등반에 적당한 의족과 같은 기술을 통한다면 보통사람보다 더 많은 능력을 갖출 수도 있음을 보여주었다. Herr 교수가 선보인 것과 같은 바이오닉스사의 동력 의족 기술은 벌써 1,400명 이상의 장애인에게 더 나은 삶을 제공하고 있다. 동력 의

---

195) http://www.ottobock.com/
196) https://www.youtube.com/watch?v=CDsNZJTWw0w&t=18s

족의 기술적 혁신들은 다음과 같다.

기존의 수동 의족과 다르게 BiOM은 걷는 속도를 향상하고 정상적인 걸음을 가능하게 한다. 생체추진(Bionic Propulsion)이라 불리는 기술로 절단 환자의 고통을 덜어줄 뿐만 아니라 착용사의 스트레스와 관절통을 완화해 수족부에 발생할 수 있는 골관절염의 예방에도 도움이 된다. 더욱이 생체추진 기술은 생물학적 다리의 기능을 단순히 복제하는 것이 아니라 이를 능가하는 것도 가능하게 해준다.

이 기술은 사람이 걸을 때 발과 발목의 인대와 힘줄이 어떻게 동작하는지에서 출발하였다. 보행 시 발목의 인대와 힘줄은 발이 땅에 닿을 때 생기는 에너지를 저장하고, 그것은 발이 앞으로 나아가게 하는 데 사용된다. BiOM은 일련의 스프링과 소형 모터를 이용하여 이를 모방하였다. 2개의 마이크로프로세서와 6개의 센서가 사용되며 두 부위의 주요 위치에서 발목의 강성, 힘, 위치 및 감쇠력을 초당 수천 회 측정하고 조정한다. 먼저 발뒤꿈치에서 발목의 강성을 조정하여 충격을 흡수하고 경골에 추진력을 전달하며, 지형에 따라 적절한 힘을 생성하여 착용자의 다리를 이동시킨다.[197]

Herr 교수의 팀이 개발한 발목 의족은 현재 emPOWER라는 제품 형태로 판매되고 있다. 자연스러운 걸음을 통해 전보다 통증은 줄이고 더 빨리, 더 멀리 걸을 수 있도록 하며 어떤 지면에도 대응할 수 있도록 실시간 제어가 동반된다. 다만 고가의 가격으로 인해 주로 산재보험, 재향군인회, 노동부, 직업 재활 및 자동차 보험 회사 등의 보험을 통해 보급이 확산되고 있다.

Herr 교수가 동력 발목 의족을 통해 가져온 기술적 혁신은 우리에게 많은 교훈을 주고 있다. 명확한 목표 설정에 의한 연구, 실사용자를 위한 제품 설계 및

---

[197] https://www.youtube.com/watch?v=aW6u_5dpDEI

개선 노력, 그리고 무엇보다 포기하지 않는 연구 개발 의지. 그것이 우리 로봇 연구자들이 본받아야 할 연구의 자세가 아닐까 한다.

## 리워크 로보틱스

리워크 로보틱스(Rewalk Robotics)는 이스라엘에서 출발한 미국 회사로서 래리 재신스키(Larry Jasinski)가 CEO를 맡고 있는 외골격 로봇 전문 업체이다. 주로 병원 재활 센터용 외골격 로봇을 공급하고 있으며, 2016년 기준 전 세계에 150대의 시스템을 판매하였다. 2016년 말, 가격을 낮춘 개인용 모델 '리워크 퍼스널 6.0'을 선보여 미국 식품의약국(FDA)으로부터 판매 승인을 받았다. 이 모델은 척추 장애를 가진 지체장애인이 시간당 1.6마일(2.57km)의 속도로 걸을 수 있게 해준다. 현재까지 개인 판매 100대를 돌파하였다.[198] 미국 재향군인부(VA, Department of Veterans Affairs)는 장애를 입은 재향군인을 대상으로 리워크 제품의 구입 비용을 지원하겠다고 밝혔다.

리워크 로보틱스는 2016년 하버드대 생물공학 연구소인 '비스 연구소(Wyss Institute)'와 협력하여 소프트 외골격 슈트를 개발해 왔다. 리워크가 보유한 외골격 기술과 비스 연구소의 소프트 슈트 기술이 접목된 것이다. 그 결과 리워크는 2017년 소프트 외골격 슈트(Soft Exosuit) 시제품을 선보였으며 2018년 말까지 상용화를 추진할 계획이라고 한다. 외골격 슈트는 허리 부분에 착용한 밴드에 배터리와 모터가 장착되어 발목에 있는 한 쌍의 케이블을 제어한다. 보행 속도에 맞추어 자동으로 조절됨과 더불어, 단순히 배터리에만 에너지를 의존하지 않고 걷는 충격을 흡수해 다시 에너지 회생을 통해 배터리를 충전시키는 방식을 채택한 점도 흥미롭다.[199]

---

198) http://www.irobotnews.com/news/articleView.html?idxno=11191
199) https://www.youtube.com/watch?v=aBD6Chf0Hoc

기술 혁신을 이끄는 모티브는 역시 비즈니스 혁신이다. 오랫동안 재활 로봇 분야에 하지 재활환자의 보행을 돕는 시스템을 공급해왔던 리워크가 건강한 신체를 가진 사람에게도 도움이 되는 근력 강화 슈트 사업으로 눈을 돌리며, 이 사업의 가능성을 높게 보고 집중투자하고 있는 점이 이채롭다.

기업이 혼자 모든 기술을 다 개발할 수는 없다. 학교나 연구소에서 이미 축적된 기술을 활용하는 전략이 필요하다. 그런 면에서 리워크와 하버드 연구소의 협력(Collaboration) 성공사례는 우리 산학 연구가 가야 할 방향을 제시하고 있다.

### 세계 최초의 사이보그, 사이버다인의 HAL

일본에서는 각종 로봇 산업 성공사례가 속속 나오고 있다. 특히 고령화 사회가 굳어지면서 간호 로봇 시장을 유망하게 보고 전폭적으로 지원하고 있다.[200] 대표적인 기업 중 하나가 산카이 요시유키 쓰쿠바대 교수가 설립한 '사이버다인'이다. 사이버다인은 세계 최초로 하체를 사용할 수 없는 환자들이 착용하고 걸을 수 있도록 도와주는 착용형 로봇 'HAL'을 개발하였다. HAL은 다리 연결 부분의 하중을 특수설계했으며 자성을 이용하여 걸을 수 있도록 해준다. 다리 근력을 강화해주기 때문에 '증강 신체'라고 불린다. 로봇은 인간의 필요와 욕망에서 출발하여 상상이 현실이 되는 수단이다. 인간의 본질적 욕구가 신체의 증강을 추구하는 데서 출발한다고 볼 때, 로봇 슈트라 불리는 외골격 로봇(Wearable Robot) HAL의 등장[201]은 지체부자유 환자들에게 새로운 희망이 되고 있다.

사이버다인(Cyberdyne)은 2004년 일본 쓰쿠바대 요시노부 교수가 설립한 벤처기업으로 의료, 간호, 중작업, 엔터테인먼트 등으로 활용할 수 있는 세계 최초의

---

[200] http://www.edaily.co.kr/news/news_detail.asp?newsId=01935206616128672&mediaCodeNo=257&OutLnkChk=Y
[201] http://blog.naver.com/ksw76net/100209646783

상용화된 착용형 로봇 HAL을 개발하였다. 사이버다인은 도쿄증권거래소에도 상장된 기업이다. 사이버다인의 어원인 사이보그(Cyborg)란 'Cybernetic Organism'의 줄임말로, 반인-반 로봇 형태의 로봇, 즉 인간의 신체 일부가 로봇화된 개체를 말한다.

HAL은 'Hybrid Assistive Limb'의 약자로 신체가 마비되어 도우미가 필요한 환자에게 다리 근력을 강화해 보행 기능을 도와주는 목적으로 개발된 로봇이다.[202] 엄밀히 말하면 비침습적으로 탈착이 가능한 착용 로봇이기에 사이보그보다는 증강 신체로 분류되는 세계 최초의 착용형 로봇이다. HAL은 2015년 일본 후생노동성으로부터 의료기기 승인(JFDA)을 받았으며, 독일 등 EU에서도 의료기기 인증을 취득하여 수출도 하고 있다. 일본은 고령화가 급속히 진행됨에 따라 의료비 절감을 위해 2016년 HAL을 이용한 재활치료를 공적 의료보험에 포함하기로 하였다. 또한 사이버다인은 조만간 미 식약청(U.S. Food and Drug Administration)의 승인을 받아 미국에서 임상시험에 들어갈 예정이며, 향후 브룩스와 합작법인을 설립해 본격적인 재활 치료에 들어갈 계획이다.[203] 그 대상은 루게릭병(근 위축성 측삭경화증, ALS), 척수성 근위축증과 같은 난치병이다. HAL은 의료 IT 도입에 관심이 높은 유럽에서도 공적 산재보험 대상이 될 만큼 인기가 높다. 영화 아이언맨의 모티브가 되기도 한 HAL의 성공 요인에 대해 집중적으로 분석해보자.

환자가 걷겠다는 생각을 하면 뇌는 뇌 신호를 발생시키고, 뇌 신호는 척수신경을 통해 근육에 전달된다. 이때 근육에 전달되는 미약한 근전 신호를 잡아내어 인간의 근육 움직임을 포착하는 근전 센서(EMG)와의 인터페이스 기술이 HAL의 핵심 기술이다. 사이버다인은 피부 표면에 젤을 바르지 않고 전기저항이 높은 상태에서도 안정적으로 근전 신호와 같은 생체 신호를 측정하는 활성 전극

---

202) http://www.asiae.co.kr/news/view.htm?idxno=2017072609514525975
203) http://www.irobotnews.com/news/articleView.html?idxno=12260

(Active Electrode) 방식의 근전 센서를 개발하였는데, 이로 인해 착용형 타입으로 계측하는 것이 가능해졌다. 이러한 독보적인 기술이 사이버다인의 경쟁력이다.

걸음새 제어를 위해서는 센서가 취합한 데이터의 특징을 추출하고 학습을 통해서 신호를 분류하거나 데이터 이력을 토대로 동작을 예측하는 기술이 필요하다. 이러한 기술로 사용자는 안정적으로 걸음새를 제어할 수 있으며, 시간 지연(Latency)[204] 문제를 해결함으로써 불편함을 최소화하였다. 또한 HAL의 초기 모델은 다소 크고 무거웠던 반면에 좀 더 인체공학적으로 설계된 2015년형 HAL은 가볍고 슬림하며, 장시간 사용이 가능하도록 충전시간이 길어진 것이 특징이다.

사이버다인은 최근 미국 플로리다주 소재 브룩스 재활병원과 업무협약을 맺고 재활 로봇 메디컬 센터를 열기로 하는 등 빠르게 규모를 확대하고 있다. 일본은 세계 최고의 고령화가 진행되고 있고, 간병인이 부족하여 의료 간호 로봇에 대한 기대가 높다. 우리나라도 헬스케어 로봇에 대한 관심과 투자가 필요한 시점이다.

### 모발이식 로봇 개척자, 아타스

아타스 로봇은 비절개 모발이식을 자동화한 최첨단 의료용 로봇이다. 모발이식술은 자신의 모발을 벗어진 두피에 옮겨 심는 수술법이다. 모발이식 방법은 크게 절개와 비절개로 나뉘는데, 절개식은 뒷머리에서 두피를 크게 떼어내 모낭 단위로 이식하는 방식이다. 반면 비절개식은 절개 없이 모낭 단위로 채취하여 탈모 부위에 옮겨 심는 방식이다. 당연히 후자의 방식이 흉터와 출혈이

---

204) 레이턴시(Latency)란 통신 속도에 따른 지연 시간을 의미한다. 사람의 뇌는 자율신경계가 있어 움직여야 하는 근육의 정도를 예측하고 운동신경에 신호를 보내기 때문에 걸음걸이를 의식하여 조절하지 않아도 되지만, 기계의 경우에는 시간 지연의 문제를 해결하여야 한다.

적고 환자의 고통도 적으며, 회복 기간 및 생착률 면에서 훨씬 우수하다. 그러나 비절개식의 경우 대량이식이 어렵고, 탈모 부위가 넓은 환자들에게는 시술 시간이 오래 걸리는 등의 한계점을 갖는다. 비절개식 모발이식 로봇인 아타스(ARTAS)는 기존의 비절개식 모발이식의 단점을 보완하고 절개식 모발이식과 같이 높은 생착률을 보이는 혁신적인 로봇이다. 2015년 미국과 한국 식약처에서 동시에 의료기기 승인을 받았다.

아타스 로봇의 가장 큰 장점은 정밀함이다. 사람의 눈으로는 인지하기 어려운 20μm 단위로 미세 조작이 가능하며, 모발의 분포나 밀도를 정확히 파악하여 정교한 수술이 가능하다. 수작업이 아닌 로봇을 이용해 자동으로 수술이 진행되기에 일단 기존의 절개 수술이나 비절개 수술보다 수술 시간을 크게 줄일 수 있다. 장시간 수술로 인한 담당 전문의의 피로도 역시 획기적으로 낮춰주기에 수술 성공률도 매우 높다.[205] 또한 건강한 모낭을 자동으로 선별하여 모발 이식술의 가장 중요한 이슈인 모낭 생착률을 혁신적으로 높였다. 기존 비절개식 모발이식의 단점을 충분히 보완한 것이다. 아타스 시스템은 정교한 3D 스캐닝 기술을 이용하여 환자의 미세한 움직임까지 감지하고 모낭의 방향, 각도, 위치 등의 정보를 정확히 계산하여 최적의 깊이로 모낭을 채취하기 때문에 모낭 손실을 최소화하여 생착률을 높일 수 있었다.

물론 모든 의료 로봇 개발에 필수적인 공통 사항이긴 하지만, 지난 10년간 전문의와 엔지니어, 임상 전문가들이 모여 함께 연구하며 다양한 사용자 요구사항을 수집하고 이를 반영해 로봇을 설계한 점도 돋보인다. 놀라운 발상과 기술적 진보로 이전에 존재하지 않았던 모발이식 로봇 시장을 개척한 아타스는 환자들에게 높은 만족도를 주는 최상의 의료 서비스로 각광을 받고 있다.

---

[205] http://blog.naver.com/ksson1008/220910241651

# 물류/운송 로봇

## 아마존의 키바(KIVA) 시스템

　물류 로봇의 대표적 성공사례로 아마존의 키바 시스템을 소개한다. 아마존이 물류창고의 효율화를 위해 로봇 회사인 키바 시스템사를 인수하면서 혁신이 시작된다. 당시만 해도 아마존의 물류 센터는 인간 작업자들에 의해 수작업으로 운영되고 있었다. 그러던 중 날로 높아지는 인건비(당시 시간당 14달러)를 줄이기 위해 경영진은 새로운 계획을 세운다. 바로 로봇을 투입하여 생산성을 높여보자는 것이다. 사실 정해진 길을 따라 동작하는 AGV(Automated Guided Vehicles)는 이미 자동창고에서 보편화되어 있었다. 그러나 키바는 기존의 물류 로봇과는 개념부터 달랐다. 하나하나 그 차이점을 살펴보자.

　일단 키바는 물류 로봇이라기보다는 짐꾼이다. 아마존은 이 짐꾼을 위해 물류창고 전체를 재설계했다. 이 오렌지색 로봇은 팟(Pod)이라는 선반을 직접 들어올려 움직이도록 설계되었다. 기존의 AGV가 물품을 나른다면, 키바는 선반 전체를 들어 배송을 진행할 직원 앞에 정확한 시간에 가져다 놓는다. 키바가 있기 전에는 배송직원들이 창고 전체를 걸어 다니면서 필요한 물품을 가져오고는 했다. 그러나 지금은 직원들이 지정된 픽업스테이션에 서서, 로봇들이 가져다준 선반에서 해당 물품을 꺼내 배송에 필요한 작업을 한다.

키바의 무게는 145kg이고 240kg의 무게까지 들 수 있도록 설계되었다.[206] 로봇들은 물품을 감지하는 센서를 갖추고 있고 시속 6.4km의 속도(인간의 보행 속도의 약 2배)로 이동한다. 아마존의 물류창고 면적은 3만 3,700평에 이르며 이는 축구장 면적의 60배 규모이다. 통상 아마존의 물류창고 한 군데에는 2,100만 개의 물품이 보관되며, 작업자는 이 중에서 필요한 물품을 찾아야 한다. 이 물류창고에 5,000대의 키바 로봇들이 다닐 수 있도록 길이 만들어져 있다. 키바 도입 이후 전체 작업 효율은 20% 정도 증가하고, 평균 90분 걸리던 주문시간이 15분 정도로 줄었다고 한다.

그래서 아마존의 키바가 사람들의 일자리를 빼앗았을까? 그 반대였다. 키바는 오히려 협업을 통해 인간의 작업 효율을 증대하는 역할을 했다. 키바가 활약하는 물류창고 안에서도 4,000여 명의 직원들이 일을 하고 있다고 한다. 즉, 로봇은 직원들의 업무를 돕는 것이지 그들의 고유 업무까지 대체하지는 않는다.

현재 미국에는 50개의 서비스 센터가 운영 중인데, 2016년 현재 20곳에서 4만 5천 대의 키바 로봇이 가동되고 있다. 이는 전년보다 50% 증가한 수치이다. 2016년 5월 이후 아마존은 전 세계 25개 이상의 물류 센터에 2만 대가량의 로봇을 추가 도입했다.[207]

키바의 특징은 첫째, 고속도로 운전(Highway Driving) 방식으로 움직인다는 것이다. 키바는 절대로 회전하지 않고 직진과 90도 회전, 그리고 교차(Crossing Over)만을 수행한다. 이러한 방식으로 경로 설계가 단순해지고 교통관제가 효율화되어 주행

---

206) https://www.youtube.com/watch?v=gQpMDdJmbNs
207) http://www.irobotnews.com/news/articleView.html?idxno=11339

시간이 최적화된다. 단 예외가 있는데, 픽 워커의 플랫폼에서 대기할 때는 스핀 턴이 아닌 래디어스 턴을 하면 45도 자세를 유지한다.

두 번째 특징은 도킹 시스템에 있다. 키바의 도킹 시스템은 제자리에서 턴을 해도 팟은 회전하지 않는 구조이다. 이는 최소한의 물류 움직임을 통해 공간 활용과 작업 편의성을 얻고자 고안된 기술이다. 기존의 AGV와는 완전히 차별화되는 로딩/언로딩(Loading/Unloading) 구조이다. 이러한 구조의 착안점은 오랜 기간 물류창고를 운영해 온 아마존의 노하우에서 나왔을 것이다.

위치 인식 기술 역시 눈여겨볼 만하다. 아마존은 바닥을 그리드화 하여 각 그리드의 중앙에 QR코드를 그려 놓았다. 그리고 이 코드 인식을 통해 위치 좌표 인식을 수행한다. 결코 첨단 기술을 사용하지 않으면서도 정확하고 값싼 방식을 채택한 것이다.[208] 한편 키바 시스템은 주기적인 충전을 요구하는 이동 로봇의 공통된 문제점을 갖고 있다. 그런데 이와 관련하여 의외로 간단한 해결책을 찾아내었다.

키바 시스템의 로봇들은 완전 충전을 하는 개념이 아니라 작업을 하는 도중에 몇 번에 한 번꼴로 충전 스테이션에 들러서 5분 정도 충전을 하고 다시 작업에 복귀하도록 되어 있다. 비용적 측면에서 보면 전체 키바 로봇의 약 5%가 작업이 아닌 충전 과정에 있는 것이라고 한다. 이를 통해 전체 시스템의 유기적이고 연속적인 작업이 가능해진다. 배터리는 소모품으로 키바 시스템의 배터리들은 약 1.5~2년 정도의 교체주기를 갖는다고 한다.

---

208) https://www.youtube.com/watch?v=cLVCGEmkJs0

아마존 물류창고에 키바 시스템만 있는 것은 아니다. 대형 물품(Inventory)의 로딩/언로딩을 위해 적재용 머니퓰레이터(Manipulator)가 사용되기도 한다.[209]

컨베이어도 특이하다. 여러 개의 컨베이어가 서로 합쳐지고(Merged), 갈라지기도(Branched) 하며 물품 캐리어 박스가 고속으로 흘러간다. 마치 공항에서 여행용 캐리어를 처리하는 구조와 유사하다.

아마존의 물류창고 운영 방식은 기존 물류창고의 것과는 다르다. 보통의 물류창고는 선반 카테고리를 나누어 유사한 물품끼리 보관한다. 가전제품은 가전제품끼리, 장난감은 장난감끼리, 식료품은 식료품끼리 모아두는 방식이다. 그러나 아마존은 물품을 뒤죽박죽 쌓아둔다. 즉, 물건을 그냥 들어오는 순서대로 쌓는 것이다. 그러다 보니 한 선반 위에 피클, 밀가루, 노트북, 핸드크림이 함께 있는 식이다. 냉동, 냉장식품도 가리지 않고 마구잡이로 냉장고에 집어넣는다. 왜 그럴까? 그 이유는 첫째, 질서 없이 물건을 쌓는 것이 더 효율적이기 때문이다. 그렇게 하면 일단 좁은 공간을 효율적으로 쓸 수 있다. 한 종류의 물품을 모으면 공간의 비효율이 발생한다. 콩들만 모아놓으면 빈 공간이 생기는 것과 같은 원리이다. 반면 마구잡이로 쌓으면 공간을 알차게 이용하게 되어, 최소 20% 이상 공간 효율성이 높아진다고 한다. 둘째, 배송 실수를 줄일 수 있다. 서로 다른 물건끼리 쌓아두고 있기 때문에 물건을 꺼낼 때 실수할 확률이 줄어든

---

209) https://www.youtube.com/watch?v=6KRjuuEVEZs

다. 예를 들어 케첩과 머스타드를 헷갈릴 수는 있어도, 케첩과 책을 헷갈리기는 어려운 일이다. 세 번째 장점은 배송 속도를 빠르게 한다는 것이다. 무질서하게 쌓아두었는데 속도가 빨라진다니 무슨 소리인가? 바로 여기에 아마존만의 비밀이 있다. 아마존은 물류창고 직원들을 들어온 물건을 분류하는 소트 워커(Sort Worker)와 배송을 위해 물건을 수집하는 픽 워커(Pick Worker)로 분류한다. 소터(Sorter)는 들어온 물건들을 카트에 넣어 선반에 빈자리가 보이면 집어넣고, 위치를 바코드에 기록해 중앙컴퓨터로 전송한다. 주문이 들어오면 중앙컴퓨터는 소터가 입력한 바코드를 기반으로 창고 입구에서부터 출구(배달창구)까지 최단 거리로 상품을 담을 수 있는 경로를 계산한다. 중앙컴퓨터가 바코드를 분석해 피커(Picker)들에게 최적의 경로를 제공하는 것이다. 이 때문에 카테고리별로 물건을 쌓을 때보다 더 빨리 물건을 찾아 배달원에게 넘겨줄 수 있다. 혼란스러운 저장 방식(Chaotic Storage)이 오히려 배송의 속도를 높여주고 있는 것이다.[210]

피커들은 이동선을 따라 카트에 물건을 담아 배달팀에 전달한다. 이 방식은 물품을 쌓는 데는 매우 효율적인데, 다시 찾는 것이 문제다. 이때 컴퓨터 기술과 로봇 기술이 투입되는 것이다. 바코드라는 데이터로 선반을 재구성한다는 상식을 철저히 깨버린 방식이 아마존을 물류 혁신으로 이끈 비결 중의 하나이다.

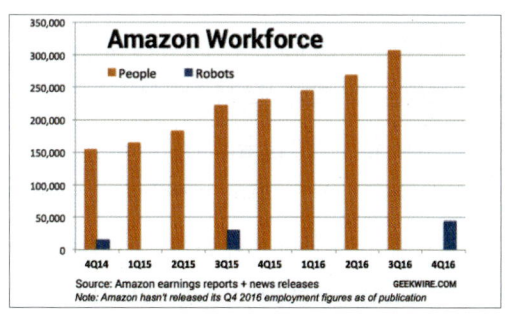

210) https://www.youtube.com/watch?v=KD_75AIz_rk

아마존의 키바 혁신을 통해 얻을 수 있는 교훈은 혁신을 위해 꼭 화려하거나 최첨단인 로봇 기술을 도입할 필요는 없다는 것이다. 약간의 틀을 깨는 것만으로도 혁신이 이루어질 수 있다. 간단한 로봇 기술이지만 키바 시스템이 가진 가능성을 보고 이를 자사만의 것으로 하기 위하여 중소벤처기업에 불과한 물류 로봇 회사를 7.7억 불이라는 거금을 주고 인수하여, 그들의 창고 운영 시스템에 적합하도록 개선한 경영진의 추진력 있는 의사결정을 높이 사고 싶다.

사실 아마존이 키바 시스템의 기술에 관심을 두기 전에 이미 여러 유통 회사에서 키바 시스템을 경험하였다. 2006년 Staples사를 시작으로, 2007년 Walgreens, 2008년 Diapers.com, 2010년 Office Depot 등 미국 굴지의 미국 유통 회사들이 키바 시스템을 그들의 물류창고에 시범적으로 도입한 바 있었다. 그러나 아마존은 키바 시스템의 가치를 이들보다 멀리 내다본 것이다.

기술의 가치를 알아보는 안목과 최적의 공간 효율, 배송의 효율성, 비용 절감을 위한 시스템 재설계 노력이 아마존의 성공 열쇠가 아닐까? 이 점은 우리 로봇 종사자뿐만 아니라 로봇 기술을 필요로 하는 수많은 기업에서도 깊이 새겨야 할 대목이다.

### 물류 로봇 기업, 식스리버 시스템즈

키바 시스템이 아마존으로 넘어가면서 키바의 세 창업자 중 두 명은 아마존으로 가지 않았다. 그들은 식스리버 시스템즈를 창업하며 새로운 물류 로봇을 개발한다. 키바 시스템과 같이 선반을 들고 다니는 형태가 아닌, 선반 사이를 돌아다니며 물품을 적재하는 피킹 로봇이 그것이다. 식스리버 시스템즈는 기술력을 인정받아 노르웨스트 벤처파트너스라는 투자회사로부터 1,500만 달러를 유치하는 데 성공한다. 2012년 아마존이 키바 시스템즈를 7억 7,500만 달러에 인수했을 때만 해도 물류 로봇 스타트업이 설 자리가 위축될 것이라는 의견이 많았으나 식스리버는 입지를 확대해가고 있다. 식스리버의 공동창업자이자 공동대표인 '제롬 듀보이스(Jerome Dubois)'는 이번에 확보한 자금으로 롤링 로봇 '척(Chuck)'을 고객창고에 더욱 빨리 제공할 수 있을 것이라고 밝혔다.[211]

현재 척은 6개 고객사에서 사용되고 있으며 올해 4분기까지 10개 사이트에서 활용될 예정이다. 식스리버의 척은 뒤쪽의 전체 선반을 운반하는 키바의 로봇과 달리 주문 처리 센터를 돌아다니며 인력들이 선반에서 물건을 꺼내도록 해준다.

"척은 단순히 사람을 따라다니는 것이 아니라 인력을 리드한다. 어디로 갈 것인지, 무엇을 선택할 것인지를 모두 알고 있다."

척 로봇을 안내하는 클라우드 기반 소프트웨어는 마치 체스 게임처럼 20~50픽을 미리 계획하고 있다는 설명이다.

식스리버 고객들은 평균적으로 약 30대의 로봇을 사용해 평균 15명에서 20명 정도의 인력을 지원하고 있다. 25만 달러인 스타터 킷을 구입하면 8대의 로봇이 포함돼 있어 약 2만~2만 5,000제곱피트의 창고에서 4명에서 6명의 인력을 지원하는 효과를 얻는다.

이렇듯 기술력만 인정받으면 투자를 받는 미국의 투자 환경이 부럽다. 우리의 로봇 기업들은 왜 외국 투자자들로부터 외면당하는 것일까? 무언가 차별성이 부족해서이다. 이에 대한 연구와 대책 없이는 우리의 로봇 투자는 밑 빠진 독에 물 붓기가 될 것이다.

## 드론의 최강자, DJI

드론(Drone)은 몇 년 전부터 방송을 통해 일반인들에게 잘 알려진 대표적인 비

---

211) http://www.irobotnews.com/news/articleView.html?idxno=11295

행 로봇이다. 머리 위에서부터 높은 하늘까지 올라가 촬영하며 대자연 속 출연자의 모습을 감동적으로 보여주는 영상은 이미 방송 촬영의 기본기가 되었다. 드론은 이제 일반인들도 쉽게 자신의 거주지, 여행지 등에서 방송에서나 본 듯한 영상을 촬영할 수 있게 만들어준다. 여기서 그치지 않고 이미 농촌에서 농약을 뿌리고, 산림과 목장을 감시하고 관리하는 데에도 사용되고 있다. 이러한 드론 산업에서 세계 최강자의 위치를 차지한 기업이 중국의 DJI[212]이다.

DJI는 홍콩과학기술대학 출신의 프랭크 왕이 2006년 창업한 기업이다. 사업 초기의 DJI는 항공 촬영용 제품을 주력으로 하였다. 안정적으로 촬영하기 위해, 짐벌 기술을 바탕으로 한 DIY용 영상 장비를 주로 취급하던 DJI는 2013년 최초의 완제품 드론인 팬텀 시리즈를 출시한다. 팬텀은 뛰어난 비행 제어 성능을 바탕으로 일반인들도 편하게 사용할 수 있는 촬영 드론의 시초라 할 수 있다. DJI는 이후 팬텀 2와 팬텀 3 등에 이어 손바닥만 한 접이식 드론 마빅프로까지 연이어 성공시키면서 전 세계 드론 시장의 60% 이상을 점유하는 드론계의 공룡기업으로 성장하게 된다.

드론의 활용은 산악지역에서의 조난자 위치파악, 군사 분야에서의 정찰감시, 농업용 분야에서 해충 방제 및 환경감시, 측량, 시설물 점검 및 검사에 이르기까지 그 범위가 점차 넓어지고 있다. 또한 소형 드론의 경우 셀카 촬영, 게임, 오락 등 그 활용 영역이 실로 다양하다. 이제는 물품수송의 영역으로도 확대될 전망이다. 전자상거래 업체인 아마존, UPS 등은 물품 배송에, 도미노피자는 피자 배달에 드론을 활용할 계획으로 알려져 있다. 월마트 또한 매장 내에서 물품을 찾아주는 드론 운용 방식을 특허로 출원하였다.

수많은 드론 기업 중 유독 DJI가 성공할 수 있었던 비결은 무엇일까? DJI는

---

212) http://www.DJI.com

창립자인 프랭크 왕이 대학 시절 집중적으로 파고들었던 FC(비행 제어) 기술에서 그 첫 번째 차별성을 찾을 수 있다. 조종하기 쉬운 모형 항공기를 꿈꾸던 프랭크 왕은 RC 헬기의 비행 제어 기술에 관심을 두고 대학 시절부터 손수 제작한 것으로 유명하다. 그의 열정으로 DJI는 세계 최고 수준의 비행 제어기와 함께 드론에 사용되는 원천 기술의 특허 대부분을 소유하게 되었다.[213]

특히 항공 촬영을 위한 짐벌 기술 등을 통해 일반 사용자들도 최고 수준의 안정성을 갖는 비행 화면/항공 촬영 화면을 얻을 수 있게 되었다. DJI의 비행 제어기에는 여러 가지 기술이 들어가는데, 그중 대표적인 기술들을 좀 더 살펴보자.

드론은 추력을 제공하는 회전 날개의 개수에 따라 쿼드로터, 헥사콥터 등으로 불린다. 이러한 다수의 로터를 제어하여 원하는 방향과 위치로 안정되게 균형을 이루며 제어하는 것이 드론의 핵심 기술이다. DJI의 경우 기존 제품과 달리 스마트폰 앱이나 원격 제어 장치 없이 손동작만으로도 드론의 이착륙, 사진 촬영 등 비행 중 동작을 제어할 수 있도록 하였다. 고글과 연동하여 1인칭 관점에서 비행 경험을 즐기는 것도 가능하다.

GPS를 사용하여 비행좌표를 계산하고, 자동항법 기능을 이용하여 목표지점에 정확히 도달하는 자율 비행 기술도 차별화된 경쟁 포인트이다. 비행 중 다른

---
213) http://www.yosuccess.com/success-stories/frank-wang-dji-technology

물체와 충돌하지 않고 비행할 수 있으며, 홈 버튼을 누르면 제자리로 돌아오는 기능을 갖추었다. 이를 위해서는 비행 중 전선이나 철새 등 장애물을 회피하는 기능이 필요한데, 이에 따라 기계 학습을 기반으로 자율 비행 능력을 스스로 확보하는 인공지능 기반 자동항법 연구도 진행 중인 것으로 알려졌다.

이와 같이 DJI는 단순히 시장을 독과점하고 있는 것이 아니라, 기술 혁신을 통해 매년 신규 특허를 다수 확보하고 있어 기술적으로 매우 탄탄한 기업이라 할 수 있다. 드론은 DJI 이전에도 이미 여러 제품이 있었다. 그러나 열정적인 취미 활동가가 아닌 일반 소비자가 한 번 조종하기에는 과도한 시간과 비용이 필요한 일종의 오타쿠적 취미활동에 가까웠다. DJI는 이러한 드론을 일체형으로 하여 조종기까지 포함해 일반인도 쉽게 날릴 수 있도록 만들었고, 당시 액션캠 시장의 표준이라 할 수 있는 고프로를 장착하여 일반인들까지도 멋진 영상을 촬영할 수 있도록 하였다. 그렇다고 전문 마니아층을 버린 것도 아니다. DJI는 전문 사용자가 다양한 작업을 시도할 수 있도록 응용 소프트웨어를 쉽게 개발할 수 있는 드론 전용 개발 환경(SDK)을 제공한다.

DJI는 해마다 학생 로봇 경연대회인 로보마스터를 주최하고 있다. 로보마스터는 중국 최대 규모의 학생 로봇 경연대회이다. 올해 대회에는 예선을 포함해 중국 전역의 195개 대학 7,000여 명의 학생이 참가했다. 이 대회는 중국 정부와 기업, 대학이 얼마나 로봇 산업 육성에 적극적인지 잘 보여준다. 중국 1위 드론(무인기) 기업인 DJI가 주최하고, 중국 정부와 20여 개 IT(정보 기술) 기업이 후원하고 있다. 정부는 참가 팀에게 로봇 개발 비용을 지원하고, 대학들은 참가 학생들에게 학점 혜택을 준다. DJI는 참가하는 학생들에게 자율주행·센서 기술 등 로봇 개발에 필요한 부품 키트와 소프트웨어 소스를 무료로 제공한다. 사진은 DJI가 주최하는 '로보마스터 2017'의 결승전 장면이다. 우승자에게는 상금 20만 위안(약 3,300만 원)이 주어졌다.

이날 경기장에는 1만 명이 넘는 관람객이 구름처럼 몰렸다. 온라인에서는 세계 최대 e스포츠 중계 사이트 '트위치'와 중국 내 11개 온라인 채널을 통해 생중계됐고, 트위치에서만 20여 개 국가에서 81만여 명이 온라인으로 경기를 시청했다.[214]

DJI는 매년 이와 같은 규모의 대회를 열기 위해 60명의 전담팀을 두고 경기장과 심판 등 기반시설과 자원을 제공하고 있다. 처음 출전하는 팀에는 개발에 참고할 수 있는 프로토타입 로봇과 필요한 부품을 제공하고, 기술개발에 어려움을 겪는 팀에는 기술적인 조언도 아끼지 않는다. DJI는 로보마스터 우승팀 등 대회에서 두각을 나타낸 학생들에게 자사에서 일할 기회를 제공하고 있다. 이 회사의 무서운 점은 로봇과 인공지능을 게임처럼 흥미로운 로봇 대회로 만들어 초·중학생 등 미래의 인재가 될 어린 학생들까지 매료시키고 있다는 것이다. 1회 로보마스터 대회 우승자이면서 현재 DJI에서 엔지니어로 일하고 있는 루오지[23]는 "졸업할 때 다른 기업에서 스카우트 제의를 받았지만 DJI를 선택했다."며 "로보마스터를 사랑하게 됐기 때문"이라고 말했다.

DJI의 제품 출시 주기는 경쟁사보다 몇 배 이상 빠르다. 최초의 드론형 제품이 2013년에 출시되었고 이후 5~6개월 주기로 소비자의 입맛에 맞는 신제품을

---

[214] https://www.youtube.com/watch?v=a16aDyN3nfs

개발하고 출시하고 있다. 편하고 싸게 항공 촬영을 경험할 수 있도록 할 뿐만 아니라 신제품에서는 고프로를 능가하는 품질을 갖춘 드론을 출시함으로써 촬영 품질에 아쉬움을 갖던 소비자들까지도 사로잡고 있다.

기존의 드론들은 고가의 모터와 셰어시, 그리고 경량화를 위한 탄소섬유 소재의 기구 등으로 인해 가격이 높을 수밖에 없었다. 그러나 DJI는 혁신적으로 폴리머 소재를 사용하고 필요한 모든 것을 내장한 일체형이면서 동시에 값싼 드론을 만들어 냄으로써 시장을 장악할 수 있었다. 이것이 가능했던 것은 기술력뿐만 아니라 값싼 중국의 대량생산 기반을 잘 활용한 결과라 할 수 있다. 특히 DJI는 드론의 핵심 부품인 FC와 모터 등을 모두 자체생산함으로써 높은 기술 수준의 제품력에 가격경쟁력까지 함께 가질 수 있었다.

드론은 이미 일부 전문가, 취미가의 영역을 넘어 일반인과 다양한 직종의 종사자 손에 활용되고 있다. 앞으로는 드론으로 음식이나 택배를 배달하고, 사람이 대형 드론을 타고 근거리를 날아다닐 수 있는 시대가 올 것으로 기대된다. DJI의 성공 요인을 살펴보았지만, 우리의 드론 기업들이 상대하기에 매우 어려운 상황인 것은 확실하다. 그러나 아직 DJI도 갖지 못한 성공 요인이 있지는 않을까? 그것이 우리 드론 기업들이 돌파구를 찾을 곳인지도 모른다.

## 차세대 이동수단의 마중물, 세그웨이

기술적 혁신이 있다고 성공이 보장되는 것은 아님을 보여주는 사례는 많이 있다. 로봇 분야에서 대표적인 실패 사례는 단연 세그웨이(Segway)[215]라 할 수 있다. 세그웨이는 투자자를 모으는 과정에서 '금세기 최고의 발명품'이라는 찬사를 받으며 2001년 화려하게 제품을 출시하였지만, 정작 그것이 대량 판매로는

---

215) http://www.segway.com

연결되지 않았던 대표적 제품이다. 사실 세그웨이가 새로운 운송수단을 제시한 혁신적인 제품이었던 것은 분명하다. 수십 년 이상 자전거나 오토바이 등만 존재하던 1인 운송수단 시장에 작은 판 위에 편하게 서서 단지 몸을 기울이는 것만으로 원하는 곳으로 갈 수 있도록 한 기술이 등장한 것은 실로 대단한 파문을 가져왔다고 할 수 있다.

세그웨이는 로봇 기술에서 가장 기본적인 제어 기술인 스스로 균형을 잡는 기술을 역으로 이용하여 탑승자가 넘어지려고 하면 그 방향으로 이동되는 것을 구현하였다.

로봇을 제어하는 기술 중에서 가장 기본적인 기술은 원하는 위치에서 멈추어 있도록 하는 것이다. 이때 필요한 제어기법이 피드백 제어 기술로, 이것은 원하는 위치에서 벗어나면 벗어난 정도에 비례하여 원하는 위치로 돌아가려는 힘을 가하도록 하는 기술이다.

앞서 말했듯이 세그웨이 역시 마찬가지의 기술을 사용한다. 세그웨이는 절대 각도를 측정할 수 있는 자이로스코프라는 센서를 사용하여 똑바로 서 있도록 제어가 이루어진다. 두 바퀴 위에 있는 판에 위치한 센서 값에 의해 판의 기울어짐을 측정할 수 있으며, 판이 항상 평평하도록 제어가 이루어지는데 그 제어하는 힘을 가하는 것이 판과 바퀴 사이에 설치된 모터이다. 즉, 판이 앞으로 기울어지면 제어기는 판을 똑바로 세우기 위해 힘을 가하게 되는데, 사람의 의도로 판이 계속 앞으로 기울어진 상태에서는 모터에서 계속 공급되는 힘으로 인하여 바퀴가 계속 회전하게 되고 결과적으로 앞으로 나가게 되는 것이다. 이처럼 기술적으로 매우 단순하면서도 그 사용 방법이 직관적이라는 점에서 세그웨이의 기술은 혁신적이었다.[216] 또한 그 구동 방식은 너무나도 직관적이어서

---

[216] www.wired.com/2009/12/1203segway-unveiled/

보통사람들이 자전거를 배우는 것보다 비교할 수 없을 만큼 짧은 시간 안에 적응할 수 있었다. 실제로 세그웨이 제품은 미국 등 주요 관광지에서 관광객들이 넓은 공간을 관람할 때 이동 보조수단으로도 많이 사용되고 있는데, 세그웨이를 처음 접한 관광객들도 기본적인 조작 방법 체험 후 쉽게 이용할 수 있을 정도이다.

세그웨이가 이처럼 혁신적인 기술을 가지고 쟁쟁한 투자자들에게 찬사를 받았으나 결과적으로 실패한 이유는 무엇일까? 이는 세그웨이에서 기대하는 가치 대비 가격에서 찾을 수 있다. 세그웨이가 대체하는 시장은 자전거, 스케이트보드, 나아가 오토바이 등이다. 물론 실내에서도 사용 가능하다는 점에서 기존의 1인 이동수단을 압도하는 측면도 있다. 그러나 세그웨이가 한 번 충전했을 때 30~40km만 운행 가능하다는 점과 일반 소비자 버전의 가격이 5천 불 수준이었다는 점에서 세그웨이의 가치가 제시된 가격에 합당했는지 일반 소비자들은 의문을 가졌을 것이다.

물론 이러한 고가 정책이 받아들여지는 시장도 있다. 실제로 미국의 일부 경찰서는 걷거나 차를 타고 다니기 어려운 구역의 순찰을 위해 세그웨이를 도입한 적이 있다. 또 세그웨이는 영화 촬영, 스포츠 중계 등에도 활용되고 있다. 카메라 감독들이 무거운 카메라를 들고 뛰어다니는 배우나 운동선수를 찍는 것은 대단히 어려운 일이다. 세그웨이는 사람들이 다니는 대부분의 길을 다닐 수 있고, 자유롭게 속도 제어가 가능하며, 안정적으로 움직일 수 있다는 점에서 이와 같은 촬영에 적임자였다.

그럼에도 불구하고 세그웨이는 일반 소비자 시장에서 철저하게 실패하였다. 분명 세그웨이는 기술적 혁신이 대단하고 새로운 가치를 제공한다. 그러나 기존 이동수단에 비해 터무니없이 높은 가격은 그것이 시장에서 매력을 잃게 했다.

그렇다면 세그웨이의 혁신은 완전히 실패한 것일까? 아이러니하게도 세그웨이는 로보틱 1인 이동수단이라는 새로운 시장을 열었지만, 정작 자신은 시장에서 살아남지 못하였다. 그 시장은 가격경쟁력으로 무장한 중국의 유사 제품들이 대신 차지하였다. 그중에서도 샤오미가 인수한 나인봇(Ninebot)이라는 기업은 세그웨이를 거의 복사한 수준의 제품을 저렴하게 판매하여 시장을 장악해 나갔다. 이로 인해 세그웨이와 특허 분쟁이 발생하기도 하였으나, 샤오미가 시장에 기반한 중국 자본의 힘으로 원조인 세그웨이를 인수하는 파란을 일으켰다.[217] 그러나 나인봇이 단순히 카피만 한 것은 아니다. 나인봇은 매우 크고 무거운 세그웨이를 작고 가볍게 만들었으며, 더욱이 최초 세그웨이가 1천만 원이 넘었던 것에 비해 나인봇 미니는 35만 원에 불과할 만큼 가격적 혁신을 이루었다. 사실 기존 세그웨이의 단점 중 하나는 큰 덩치로 인해 타고 다닐 때는 안정감이 있지만 그 외에 목적지에 도착하거나 집에 보관할 때는 전용 공간이 필요할 만큼 크고 무겁다는 것이었다. 그러나 나인봇 미니는 한 손으로 쉽게 들고 현관 구석에 놔둘 수 있을 만큼 작고 가벼운 장점을 갖고 있다. 이러한 점에서 1인 이동수단에 있어 세그웨이가 이루지 못한 나머지 혁신을 나인봇이 이루어 가고 있다.[218]

---

217) http://time.com/3822962/segway-ninebot-china/
218) https://www.youtube.com/watch?v=HEDQixonhcY

국내에도 로봇 기술을 이용하여 1인 이동수단을 개발하고 판매하는 기업들이 있다. 그러나 중국의 대량생산과 그에 따른 저가 공세에 쉽지 않은 상황이다. 특히 대량생산을 통한 자본의 축적은 중국 제품이 단순한 짝퉁을 넘어 새로운 오리지널 제품으로 거듭나도록 하고 있다. 앞으로 국내 중소기업들이 더욱 상대하기 어려울 것이다. 그러나 아직까지 1인 이동수단 시장은 걸음마를 떼고 있는 단계이다. 우리가 포기하기에는 시장의 성장 잠재력이 크다. 어떤 혁신이 우리에게 기회를 줄지 고민해야 할 시간이다.

# 5 로봇플랫폼

## 넘어지지 않는 로봇, 보스턴 다이내믹스

보스턴 다이내믹스는 미 국방성에 군사용 로봇을 납품하는 회사이다. 이 회사는 놀라울 정도로 균형 잡힌 보행 동작을 하는 로봇을 만들어내면서 국제적으로 명성을 얻었다. 창업주인 마크 레이버트 박사는 로봇업계에서 '걷는 로봇의 아버지'로 불리는 유명인이다. 1980년 CMU와 MIT 교수로 있다가 학계를 떠나 보스턴 다이내믹스사를 세웠으며, 소니의 로봇 개발 자문도 맡았다.

이 회사의 주력 제품들은 모두 동물 또는 인간의 모습을 본떠 만든 것으로 유명하다. 대표작은 빅독, 와일드캣, 치타, 아틀라스 등이다. 2008년 3월 유튜브를 통해 공개한 빅독은 석유가 동력원이고 눈이나 빙판, 산 등 거친 지형을 자유자재로 걸을 수 있다. 사람이 발로 차도 넘어지지 않고 균형을 잡는 동영상이나 눈밭을 걷는 장면은 미국의 실용성 연구와 완성도를 보여주는 대표적 영상으로, 유튜브를 유명하게 만든 콘텐츠이기도 하다.

고화질로 그때의 동영상[219]을 다시 보자. 돌밭도 자유자재로 걷는 모습과 사슴처럼 달리는 모습은 이 제품의 미래를 보여주는 듯하다. 다르파(DARPA)[220]의 지원을 받아 개발한 이 로봇은 보여주기식이 아닌 미국의 과학기술 능력을 보여주는 대표적인 사례라 할 수 있다. 이러한 동작을 가능하게 하는 제이 SW 기술력이 돋보인다. 빅독은 2003년에 개발을 시작하여 5년 만에 빛을 보았고, 영국의 로봇 회사 포스트-밀러, NASA, 하버드대와의 공동 연구로 만들어졌다. 미·영 국제 공동 연구의 소산이라는 점도 놀랍다. 또한 국가 연구소와 대학 기업이 한 팀을 이루어 걸출한 산물을 만들어 냈다는 것도 우리가 반성해 볼 대목이다.

와일드캣 역시 사족 보행이다.[221] 다만 달리기 기능이 있다는 점에서 빅독과 다르다. 시속 25km로 달릴 수 있다니 일단 인간보다는 빠른 속도이다. 다음으로 치타는 아직 필드테스트 동영상은 아니지만 실험실 수준으로 측정해 봤을 때 시속 29마일(시속 46.4km)로 달릴 수 있다.[222] 로봇의 달리기 실력은 이제 가장 빠른 인간인 우사인 볼트의 속도(시속 28마일)를 넘어섰다.

네 번째 작품인 아틀라스는 사람을 닮은 휴머노이드 로봇이다. 최근 공개된 영상[223]을 보면 우리의 휴보나 일본의 아시모를 넘는 실용적인 휴머노이드의 탄생이 기대된다. 역시 미국은 자본만 투입되면 언제든지 로봇 기술력으로 세계 최고의 자리를 차지할 수 있음을 보여주는 대목이다. 보스턴 다이내믹스는 다르파(DARPA)에 천만 불 규모의 계약을 맺고 납품하고 있다고 하니, 그냥 한번 만들어 보는 수준은 아닌 것이 분명하다. 2년 내로 후쿠시마 원전사고와 같은 재

---

219) https://www.youtube.com/watch?v=cNZPRsrwumQ
220) 미 국방부 방위고등연구계획국, Defence Advanced Research Planning Administration
221) https://www.youtube.com/watch?v=wE3fmFTtP9g
222) https://www.youtube.com/watch?v=_luhn7TLfWU
223) https://www.youtube.com/watch?v=rVlhMGQgDkY

해 환경에서 작동하는 로봇을 만들겠다니, 과연 자연 환경에 적응하는 인간의 문명사를 다시 쓸 작정으로 보인다. 구글로부터 보스턴 다이내믹스를 인수한 소프트뱅크는 더 이상 군수 업체가 아니다. 따라서 이제 살상용이 아닌 인간을 위해 일하는 로봇 시대가 열릴 것이 더욱 기대된다.

소프트뱅크는 구글 인수 후 로봇 개발 사업에 더욱 박차를 가할 것이라 한다. 페퍼에 이어 이동 기술의 최고봉인 회사를 인수했으니 천재가 세상을 바꿀지 기대된다. 막대한 자금과 천재의 만남으로 무시무시한 로봇 혁명이 시작될 조짐이 보인다. 전문가들은 소프트뱅크의 최종 전략은 인공지능과 이동 기술을 기반으로 인간에게 완벽한 서비스를 제공하는 인간형 로봇의 상용화라고 말한다. 인간형 로봇이 인간과 생활하며 봉사하는 수준까지 가려면 최소 10년 이상이 걸리겠지만, 돈과 기술 그리고 시간이라는 삼박자가 만난 절호의 상황임은 분명하다.

## 로봇 미들웨어의 최강자, 윌로우 개러지의 ROS

역대 가장 정밀한 지능형 로봇으로 NASA의 'R2', 리싱크로보틱스의 'Baxter', 보스턴 다이내믹스의 'Atlas'가 꼽힌다. 이들 로봇의 공통점은 모두 구글 계열인 '윌로우 개러지'사의 'Robot Operating System(이하 ROS)'이라는 오픈소스 운영체제를 사용한다는 점이다.[224]

ROS는 누구나 자유롭게 다운로드 받아 사용할 수 있고 툴과 커뮤니티가 제공된다. 또 강력한 성능을 보이면서도 다른 플랫폼과 충돌 없이 융합한다. 게다가 오픈소스 운영체제인 만큼 무료로 사용할 수 있다.

윌로우 개러지는 2006년 설립되어 2014년 문을 닫았다. 그럼에도 불구하고

---

[224] http://blog.naver.com/uststory/220726943748

성공사례에서 살펴보고자 하는 이유는 윌로우 개러지가 2007년 공식 발표한 ROS 때문이다. ROS는 공개된 이후 전 세계 로봇 연구자들이 이용하는 플랫폼이 되었다. 이는 ROS가 공개 소프트웨어이기 때문이었다. 이제 ROS는 로봇업계에 없어서는 안 될 로봇용 미들웨어로 자리 잡았다. 비록 윌로우 개러지는 문을 닫았지만 ROS 이외에도 로봇업계에 많은 것들을 남겼다. 바로 윌로우 개러지 출신들이 설립한 로봇 스타트업인 슈터블테크놀러지스, 페치 로보틱스, 레드우드 로보틱스, 심비 로보틱스, 사비오크(Savioke) 등이다. 현재 이곳 출신들이 미국 로봇업계를 이끌고 있다고 해도 과언이 아니다. 이들의 성공 요인을 분석해 보자.

윌로우 개러지의 자유분방함은 창업자 하산이 구글 출신이라는 것에서도 기인했다. 자유분방하고 혁신적인 업무 환경은 바로 로봇업계에 딱 필요한 성공 요소이다. 커즌스는 윌로우 개러지에 총 8천만 불을 투자했다. 그 결과 당시 직원이었던 이들은 '회사가 억만장자가 만든 놀이터 같았다'고 회고한다. 실리콘밸리 업체의 상징과 같은 고급스러운 사내식당, 자유로운 분위기의 워크숍, 무중력 비행 시설에서의 단합 행사 등 참신한 복지는 재능있는 인재들을 끌어들이는 요인이었다.

게다가 당시 회사에서는 당구 치는 로봇, 맥주 배달하는 로봇, 빨래 개는 로봇이 개발되고 있었다고 한다.

윌로우 개러지의 창업자 스콧 하산(Scott Hassan)은 1998년 창업한 구글과 깊은 관련을 맺고 있다. 그는 스탠퍼드대 '통합 디지털 도서관 프로젝트'에 참여하며 구글 공동창업자인 래리 페이지와 세르게이 브린을 만난다. 그는 구글의 초기 검색 엔진 개발에도 참여하였으며, 후에 직접 인터넷 회사 'e그룹스닷컴'을 창업하고 이를 2000년 야후에 4억 3천2백만 달러에 매각한다. 이 자금이 윌러우 개러지라는 꿈의 기업을 창업하는 마중물이 된다. 후에 실리콘밸리 멘로파크에

터를 잡는데, 그 자리의 주소가 '68 월로우 로드(Willow Road)'이다. 회사 이름을 여기서 따왔다고 한다.[225]

하산은 CEO로 스티브 커즌스(Steve Cousins)를 영입하는데, 커즌스는 후에 사비오크라는 호텔 룸서비스 로봇 회사를 창업한다. 커즌스는 하산을 워싱턴대학 학부생 인턴으로 고용하면서 인연을 맺었다고 하니, 이것이 바로 실리콘밸리 인맥인 것이다. 래리 페이지-하산-커즌스로 연결되는 인맥은 왜 구글이, 월로우 개러지가, 그리고 사비오크가 성공할 수밖에 없었는지를 잘 설명해 주고 있다.

하산은 초창기에는 개인비서, 무인 보트, 자율주행 자동차 등에 관심을 가졌으나 결국에는 프로그래밍이 가능한 로봇 개발에 집중했다. 이는 자율성을 갖춘 퍼스널 로봇의 개발로 이어진다. 또한 하산은 오픈소스의 신봉자로 알려져 있다. 그는 '공유가 중요하다'는 신념을 가지고 어떤 종류의 로봇에도 공통적으로 사용할 수 있는 무언가를 찾았다. 오픈소스 운영체제인 ROS는 이러한 신념의 산물이었다.

월로우 개러지는 3개의 재단을 포함해 8개의 로봇 기업을 분사(分社)시켰는데, 이 중 3개를 구글이 인수한다. 2011년 분사한 텔레프레즌스 로봇 회사인 '슈터블 테크놀러지스'도 그중 하나이다. 그러나 시간이 지나 사업적 성공이 요원해지면서 직원들은 지쳐만 갔고, 커즌스는 남아있는 직원들과 2013년까지 새로운 사업아이템을 찾으며 펀딩을 추진했으나 실패한다. 회사는 결국 2014년 문을 닫았고, 직원들은 새로운 스타트업으로 뿔뿔이 흩어진다. 그리고 탄생한 것이 호텔 룸서비스 로봇 '사비오크'와 '페치 로보틱스', 물류 로봇 '심비 로보틱스' 등이다.

---

[225] http://www.irobotnews.com/news/articleView.html?idxno=6904

윌로우 개러지의 하산은 총 8천만 달러라는 거금을 투자했지만 사업적으로 성공을 거두지 못했다. 그러나 그가 로봇 산업에 한 기여는 누구나 인정하고 있다. 머지않아 로봇의 수요가 폭발적으로 증가하고 2021년까지 모든 사람이 어떤 용도든지 하나의 로봇을 갖게 될 때, 윌로우 개러지가 보급한 ROS의 위력은 더해 갈 것이다. 로봇의 대중화가 서서히 가시화되고 있는 지금, 로봇의 운영체제는 뜨거운 감자가 되어간다. 전문가들은 ROS가 지능형 로봇의 운영체제로 빠르게 확산되리라 전망한다.

### 세계적 교육 로봇, 로보티즈의 액추에이터

세계의 로봇 연구자들에게 가장 많이 알려진 것 중 하나가 로보티즈의 액추에이터 모듈이다. 로보티즈는 국내에서는 물론이고 국외에서도 로봇을 연구하는 사람이라면 누구나 한 번쯤 들어봤을 정도로 유명한 기업이다. 로보티즈가 어떻게 성장과 성공을 이룰 수 있었는지 살펴보자.

로보티즈는 90년대에 각종 로봇 경진대회에서 수차례 우승했던 김병수 대표가 로봇 사업을 하겠다는 일념으로 1999년 시작한 회사이다. 로보티즈가 초창기에 성공적으로 출시한 제품은 완구 로봇이었다. 당시에 유행하던 애완동물 키우기 게임을 실제로 구현한 셈으로, 인터넷에 접속해 스크린에 로봇을 가져다대면 로봇이 스크린의 먹이를 먹으며 점점 크는 애완 로봇 쥐 디디와 디티가 그것이었다.[226] 당시 디디와 티티는 매우 성공적이었다. 국내에 6만 대, 일본에 30만 대, 미주와 유럽에 120만 대를 수출하는 등 국내 로봇완구업계에 큰 파장을 일으키며 등장하였다.

그러나 꾸준히 성장하던 회사는 생산과 마케팅까지 그 영역을 확장하면서

---

226) http://www.irobotnews.com/news/articleView.html?idxno=280

어려움을 겪기 시작했다. 재고 관리와 부품 수급에서 실수를 하면서 회사는 큰 난관에 봉착한다. 결국 대부분의 직원이 퇴사를 하였고, 어렵게 자금을 융통하며 몇 명 안 남은 회사를 유지하면서 김병수 대표는 2003년 로봇 액추에이터에 마지막 희망을 걸고 도전하였다. 액추에이터 시장 자체가 없는 상황에서 매우 큰 모험이었지만 출시 후 얼마 지나지 않아 일본 업체와 첫 공급계약을 체결할 수 있었고, 휴머노이드 로봇을 손쉽게 만들 수 있도록 해주는 액추에이터는 곧 많은 업체에 공급되었다.[227]

로보티즈가 개발하여 공급한 다이나믹셀은 기존의 RC 서보 등에 비교하면 매우 고가의 제품이다. 그러나 제어 성능과 활용도에 있어서 비교할 수 없을 정도로 뛰어나 세계적으로 로봇을 개발하고 연구하는 전문가들도 많이 사용할 만큼 좋은 제품이다.

제품만 좋은 것은 아니다. 로보티즈는 국외 연구자들이 다이나믹셀을 사용함에 있어서 필요한 지원을 하는 데 노력을 아끼지 않았으며, 국내외 각종 학술행사와 대회 등에 자사의 제품이 공급하고 활용될 수 있도록 함으로써 누구나 쉽게 접하고 사용할 수 있는 환경을 만드는 데 힘을 써왔다.

---

227) http://www.irobotnews.com/news/articleView.html?idxno=6826

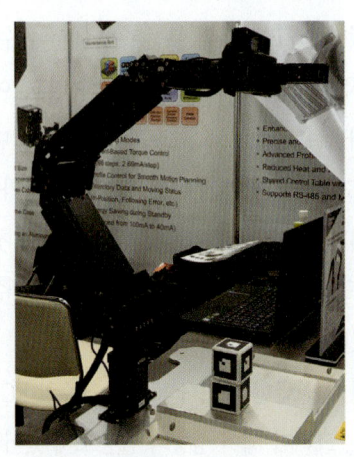

로보티즈는 다이나믹셀의 성공에 힘입어 로봇 제작 솔루션을 제공하는 회사로 거듭나고 있다. 기존의 액추에이터뿐만 아니라 머니퓰레이션과 내비게이션 소프트웨어 기술을 함께 공급함으로써 2015년 DARPA 로보틱스 챌린지에서 무려 8팀이 로보티즈의 다이나믹셀 솔루션을 사용하기도 하였다. 한국 로봇인 휴보가 로보틱스 챌린지에서 우승한 것도 매우 경사스러운 일이었지만, 우리의 기술로 만든 로봇 부품이 세계적인 로봇 연구자들에게 사랑받고 있다는 것도 매우 자랑스러운 일이다.

### 한국미래기술의 메소드 2

한국미래기술은 아마존의 창업자 제프 베조스가 탑승하면서 유명해진 로봇 '메소드 2'를 제작한 신생 로봇 기업이다. 4m의 키, 1.6톤의 무게를 가진 거대 로봇인 메소드 2는 60㎝의 보폭으로 앞뒤로 걸을 수 있고, 양팔은 타고 있는 사람의 행동에 따라 자유자재로 움직이는 세계 최대의 탑승형 보행 로봇이다. 거대한 상체에 비해 다소 왜소해 보이는 가분수형 하체는 모터파워의 한계로 인한 것으로 추정된다. 한편 할리우드 블록버스터 영화의 주인공 같은 외모로 시선을 끌기도 했는데, 트랜스포머 4, 로보캅 등의 영화에서 실제 로봇 디자인을 맡았던 콘셉트 디자이너 비탈리 불가로프가 디자인을 맡은 것으로 알려졌다.

경기도 군포에 있는 한국미래기술연구소에서 만난 임현국 대표는 "거대 로봇을 만든다는 아이디어에 동참할 사람을 모으는 데만 2년이 걸렸다."며 "이 로봇을 좀 더 발전시켜 원자력발전소에 갇힌 사람을 구해내거나 사고 현장에서 자동차를 번쩍 들어 치울 수 있는 로봇을 만드는 것이 목표"라고 말했다.

임 대표는 로봇 전문가가 아니다. 대구상고를 졸업하고 IT 기업에서 일하다가 10년 전 IT 서비스 관리 회사인 한국미래기술에 합류해 대표까지 올랐다. 4년 전, 한국미래기술 창업자가 뜬금없는 제안을 했다. 사람이 탈 수 있고 강한 힘을 내는 로봇을 우리 기술로 만들어보자는 것이었다. 나라를 지킬 로봇을 만든다는 의미에서 프로젝트 이름은 보국(保國)이라고 지었다. 프로젝트 착수 후 임 대표가 가장 먼저 한 일은 미국으로 찾아가 불가로프를 수석 디자이너로 영입하는 것이었다. 시작부터 세계 최고의 디자인을 고려한 것이다. 또한 개발인력을 구할 때는 학력보다는 전문성과 로봇에 대한 의지만을 평가해 사람을 뽑았다고 한다. 실제 제작 담당 직원들은 모두 자동차 정비나 금속 금형 관련 회사에서 왔고, 설계 담당자는 CAD 학원 강사 출신이다. 이 로봇의 핵심 기술은 보행 제어 기술과 고출력 모터 제작 기술에 있다. 로봇을 움직일 고출력 모터를 주문하려다 제작사가 어렵다고 하자 그 회사 기술책임자를 스카우드해 모터를 자체 개발하였다. 로봇의 움직임을 제어하는 보행 기술개발에는 KAIST 오준호 교수의 휴보랩 출신 로봇공학자들이 참여하였다. 임 대표는 돈이 얼마가 들어가는지, 시간이 얼마나 걸리는지 상관하지 않고 실패하면 다시 처음부터 시작하여 될 때까지 밀어붙이는 스타일로 알려져 있다. 이런 과정을 거쳐 2016년 첫 작품인 메소드 1이 탄생했고 2017년에는 무게를 줄이고 안정성을 높인 메소드 2가 완성되었다. 세상에 없는 초대형 로봇을 만들다 보니 세상에 없는 부품들을 직접 제작하였고, 대략 300억 원 정도가 들었다고 한다.[228]

이 화제의 로봇 중심에는 아낌없이 거금을 투입한 창업자 양진호 회장도 빼놓을 수 없다. 그는 웹하드 서비스로 성공한 자산가로 알려져 있는데, 어릴 적 꿈인 탑승형 로봇 개발에 앞으로도 지속적으로 투자할 계획이라고 한다.

이 기업의 사업적 성공은 아직 입증되지 않았으나, 기술적으로 도전한 혁신성에 높은 점수를 주고 싶다. 대한민국 로봇 산업계에 혜성처럼 나타난 그들의 약진이 기대된다.

---

228) http://biz.chosun.com/site/data/html_dir/2016/12/26/2016122602685.html#csidx4bc7d8db1389ac8abe863574ee0e7d8

# 4장
# 인공지능 로봇이 바꿀 미래상

# 1 산업은 어떻게 발전할 것인가

이제 로봇은 상상이 아닌 현실로 다가오고 있다. 가장 큰 화두는 인공지능이다. 인공지능에서는 이제 단순한 반복계산이 아닌, 모든 경우의 수를 데이터화함으로써 가장 유사한 사례를 찾아내는 검색 기능이 현실화되고 있다. 컴퓨터 기술이 발전하면서 메모리 용량이 테라바이트인 시대가 되고, 계산 속도가 기가헤르츠인 시대가 되면서 엄청난 양의 데이터 검색을 순식간에 해내는 것이 가능해졌다. 여기에 패턴 인식이라는 마이닝 기술까지 접목되면서 빅데이터 분석 능력이 곧 인공지능이라는 접근법이 대세가 되고 있다. 여기에 클라우드 컴퓨팅이라는 IoT를 통해 모든 컴퓨터와 사물이 네트워크로 연결되면, 그야말로 인공지능은 파괴적 기술로 우리에게 다가올 것이다. 앞으로 30년 후면 인공지능이 인간의 지능을 넘어설 것이라는데, 두렵다.

그런 인공지능과 기계 제어 기술이 만나면 어떤 일이 벌어질까? 말 그대로 인공지능이 사이버 세계에서 현실 세계로 들어오게 된다. 즉, 인공지능이 오프라인 세상에서 인간과 함께 협업하고 공존하는 세상이 된다는 뜻이다. 로봇의 지능도가 높아져 더 많은 영역에서 로봇의 활동이 확대될 것이다. 일단 사람의 말을 이해하게 되면서 대인 서비스가 가능해질 것이다. 또 환경 인식 능력이 발달하면서 자유자재로 돌아다니며 서비스하는 것이 가능해진다. 당장 팔다리가 없더라도, 사람을 인식하고 대화를 주고받으며 여러 가지 정보를 제공하는 안내 로봇이 봇물 터지듯 상용화될 것이다. 이러한 로봇이 상용화되면 맨 먼저 사라질 직업은 바로 각종 매장, 유통 센터, 쇼핑몰 등지의 판매 직원들이 될 것이다. 호텔이나 공항에서 체크인하는 직원들도 로봇으로 대체될 것이며, 은행 창구 직원(Teller)들의 자리도 로봇이 차지할 것이다. 로봇들이 공항이나 지하철 등으로 진출하면서 대테러, 범죄예방 업무도 대신할 것으로 보인다. 물론 사람과 충돌이 일어나지 않도록 안전 기능과 배터리 자동충전 등 여러 가지 기능이 보완되어야 한다. 이 장에서는 앞으로 인공지능 로봇이 현실화될 경우 전 산업에 미칠 영향을 전망해 본다.

## 스마트제조현장

제조현장에서 로봇의 활약은 이제 평범하다고 여겨진다. 아디다스는 지난해 독일에 23년 만에 신발공장을 열었다. 이 공장은 소비자가 모바일·인터넷으로 맞춤형 신발을 주문하면 3D 프린팅·로봇·IoT를 활용해 5시간 만에 완제품을 제작해 매장으로 배달한다. 고객의 니즈를 바로 반영한다는 의미에서 공장의 이름은 '스피드 팩토리'로 지었다. 기존에는 본사에서 디자인을 하고 아시아 공장에서 생산한 뒤 독일로 운송되기까지 18개월이 걸렸다고 한다.[229]

제조 산업의 경쟁력, 그것은 무엇일까. 기술력일까, 노동력일까, 아니면 자

---

229) http://news.joins.com/article/22129521

금력일까? 노동 비용이 올라가면서 세계의 공장이 된 중국을 보면 일단 노동력에 강점을 두고 싶다. 한국의 상황은 어떠한가. 기술력 면에서는 자타가 공인하는 세계 최고의 수준이다. 그러나 노동 비용은 선진국 수준으로 올라가 이제 노동집약적 산업으로 버티기 힘든 상황이 되었다. 우리의 주력 산업인 철강, 반도체, 자동차, 조선, IT 중 이미 조선 산업은 무너져버렸고, 그다음으로는 자동차 산업이 거론되고 있다. 이제 자동차마저 무너지면 도미노처럼 철강 산업도 무너질 것이다. 그러면 남는 것은 반도체와 IT인데 이 중 반도체의 활황은 인공지능 빅데이터 시대가 열리며 클라우드 서버, 데이터 센터 등의 투자가 급격히 이루어진 데 따른 것이다. 그렇다면 설비 투자가 모두 끝나는 시기에는 다시 반도체 불황이 닥칠지도 모른다. IT 산업 또한 단순 IoT의 개념에 AI가 접목되며 HW 중심에서 SW 중심 그리고 플랫폼 중심으로 지형이 바뀌고 있다. FANG(Facebook, Amazon, Netflex, Google)이라 불리는 미국의 IT 글로벌 사총사나 바이두, 텐센트 등을 중심으로 한 중국의 신 IT 글로벌 기업들의 약진으로 우리의 IT 위상도 흔들리고 있는 형국이다. 제조 산업을 잃으면 대한민국의 산업경쟁력은 거의 입지를 잃을 것으로 보인다. 더구나 의료, 법률, 금융, 유통 등 서비스 산업의 경쟁력은 더욱 선진국과 격차를 보일 것이다. 의료 산업은 서비스 면에서의 경쟁력은 있으나 규모의 경제성으로 볼 때 산업적 경쟁력은 낮다고 본다. 그렇다면 위기의 대한민국을 구할 방법은 없을까. 그것은 바로 제조 산업의 현장을 대신할 로봇과 인공지능이라고 본다. 로봇과 인공지능으로 무장한 스마트팩토리가 대안인 것이다.

4차 산업혁명 시대의 제조업은 스마트팩토리(Smart Factory)로 상징된다. 스마트팩토리라는 개념은 한마디로 무인 공장이다. 완전 자동화(Full Automation)를 넘어서 완전 자율화(Anatomy)된 공장이다. 즉, 단순 생산 자동화를 넘어서 자율 생산 시스템을 갖춘 공장을 말한다. 물품 주문에서 생산 발주, 생산 계획까지 ERP 시스템에 의해 관리되고, 공정최적화(Process Optimization)와 예지(Prediction), 이상징후 감지(Anomaly Detection) 등은 데이터를 기반으로 한 인공지능 솔루션에 의해 통제되고 운용되는 시스템이다.[230]

생산 물품이 바뀌면 물품에 대한 설계도면이 데이터로 흘러 들어가 공정이 자동으로 설계되고, 티칭 및 시운전 등이 자동으로 이루어진다. 한마디로 Self-Organization(자율 구성)을 기반으로 모듈화가 실현되는 공장이다. 마치 레고 블록으로 여러 가지 형상의 작품이 만들어지듯이, 생산할 물품에 최적화된 공정이 스스로 조립되어 생산되는 Plug and Produce(PNP) 공장이 구현되는 공장이 바로 스마트팩토리이다.

4차 산업혁명 시대의 스마트팩토리의 핵심은 바로 데이터에 있다. 각 공정 플랜트에는 실제 공정에서 일어나는 모든 물리적 현상이 센서에 의해 감지되고, 감지된 데이터는 IoT에 의해 클러스터 서버로 집적된다. 클러스터 서버로 모인 공정 데이터들은 분석되고 학습되며 최적의 형태로 조건을 탐색하여 다시 공정을 재조립하고 최적화한다. 각 공장의 경쟁력은 비용, 시간, 불량률로 결정된다. 이러한 품질경쟁력, 생산성이 바로 스마트공장을 통해 얻은 데이터를 기반으로 하여 결정되는 세상이다.

따라서 4차 산업혁명은 스마트혁명인 셈이다. 스마트공장에서 로봇의 역할을 생각해 보자. 과연 로봇의 역할이 인건비를 대체하는 수단으로만 국한될까? 스마트공장에서 로봇의 역할은 단순히 물리적인 노동력을 대체하는 것으로 끝나지 않는다. 센서로 무장한 스마트로봇은 공정에 일어나는 모든 물리적 현상을 관찰하고 조립, 가공, 품질검사 등 모든 공정에서 데이터를 수집한다. 그리고 축적된 빅데이터를 기반으로 한 최적화된 작업 프로그램으로 주어진 작업을

---

[230] http://www.irobotnews.com/news/articleView.html?idxno=11902

수행한다. 공정 내의 물류 로봇들은 최적화된 경로와 일정을 바탕으로 생산에 필요한 부품과 최종 생산물들을 물품 배송창고에 적재한다.

제조 로봇 내부의 작업 프로그램들은 모두 공장을 통제하는 제조 실행 시스템(MES)[231]의 통제를 받게 되며, 제조 로봇들이 감지한 데이터들은 모두 수집되어 MES로 전달되는 순환 시스템의 구성 요소가 될 것이다. 한마디로 스마트 시대의 제조 로봇은 자동 프로그래밍, 자율 판단, MES에 기반한 최적화로 특징지을 수 있다. 이러한 스마트공장에서의 핵심 기술은 역시 데이터를 다루는 인공지능 기술과 MES 솔루션과 같은 스마트팩토리 플랫폼 기술이 될 것이다.

그리고 이러한 스마트공장에서 인간의 역할은 철저히 배제될 것으로 보인다. 우리가 생활하는 데 필수적인 문명의 이기들, 자동차, 스마트폰, 가전제품, 의류, 약품, 식품 모두가 스마트팩토리를 통해 생산되는 제조 혁명 시대에, 국가의 산업경쟁력이 스마트팩토리와 스마트로봇에 달린 이유가 여기에 있다. 이러한 제조 혁신은 한 나라의 국가경쟁력을 좌우하기에 단순히 민간에만 맡길 수는 없다.

이미 굴지의 IT 기업들은 막대한 자본력을 앞세워 로봇과 인공지능, 스마트팩토리 플랫폼 기술에 집중투자하고 있다. 산업생태계는 이러한 혁명적 변화에 따라 모든 것이 재편되는 시기에 있다. 더는 시간을 지체할 수 없다. 우리의 제조경쟁력은 이미 기술과 인력의 우수성에 있어 한계에 다다르고 있기 때문이다. 제조 원가와 생산 기술은 더 이상 우리 산업을 지탱하는 버팀목이 아니다. 우리의 우수한 제조 인력 또한 인공지능과 빅데이터로 무장한 MES와 로봇을 이길 수 없다. 앞으로 5년, 길어야 10년 내에 모든 제조 산업은 스마트팩토리로 재편될 것이다.

이렇게 되면 한국, 일본, 독일 등 제조업 강국의 구도 또한 바뀌어 다변화와

---

[231] http://terms.naver.com/entry.nhn?docId=2274732&cid=42171&categoryId=51120

평준화에 의해 전 세계가 국가로 재편될 것이다. 스마트 제조 혁명 시대의 최종 생산자는 바로 스마트팩토리 솔루션을 확보한 기업이 될 것이기 때문이다. 모든 제조는 EMS와 같은 전문 위탁생산 기업이 맡게 될 것이고, 생산에서 판매·유통까지 모두 단일 네트워크로 묶이는 온라인 주문생산 방식으로 바뀔 것이다. 생산자와 소비자의 경계도 무너질 것으로 보인다. 소비자가 물품의 디자인과 생산에 참여하는 프로컨슈밍 시대가 현실화될 것이다.

지금의 기업 구도도 모두 재편될 것이다. 새로운 서비스와 새로운 제조 회사들이 갑자기 나타나 전통 제조 산업의 지형을 바꿀 것이다. 코닥이 몰락하고 블록버스터가 사라지듯이 페이스북이나 넷플릭스와 같은 새로운 혁신 기업이 그 자리를 차지하게 될 것이다. 이러한 4차 산업혁명 시대는 데이터를 기반으로 하기에 데이터를 차지하는 기업이 최강 기업이 되어 세계 경제를 쥐락펴락할 것이다.

국가 개념도 사라지고, 완전 다국적 기업이 경제 판도를 장악할 것이다. 데이터 자본주의 시대가 되어, 데이터를 확보하지 못한 기업과 데이터 주권을 지키지 못하는 국가는 초강 기업, 데이터 독점 기업에 완전히 종속적인 위치로 전락하고 말 것이다. 이러한 신 데이터 자본주의 시대를 대비하여 우리가 준비해야 할 방향은 명확하다. 우리가 살아남을 방법은 끊임없는 스마트기술 투자와 정책적 지원뿐이다.[232]

### 미래의 교육도 바뀐다

지금 전 세계는 그야말로 인공지능 열풍이다. 공상과학 영화에서나 보던 인간처럼 말하고 행동하는 로봇이 곧 우리에게 다가올 전망이다. 사람의 말을 알

---

232) http://www.irobotnews.com/news/articleView.html?idxno=11902

아들고 친절하게 묻는 말에 대답할 수 있다면, 곧바로 혁신은 교육 분야에서부터 일어날 것이다. 물론 학교라는 공간은 사라지지 않겠지만 학생들을 가르치는 시스템은 분명 달라질 것이다. 적어도 지식을 전달하는 역할은 앞으로 인공지능이나 로봇이 맡게 될 것이다. 왜냐하면 공부라는 것은 개념을 쌓아나가면서 점차 수준을 올리며 지식 체계를 쌓는 과정인데 이때 피교육자의 지식 발달 상태를 파악하여 다음 수준의 교육이나 훈련을 진행하는 데 로봇이 더욱 진가를 발휘할 수 있기 때문이다. 표준화되어 있기에 감정에 치우치거나 교육자의 컨디션에 영향을 받지 않고 누구나 균일한 수준의 교육을 받을 수 있다. 무엇보다도 지금의 교육보다 효과적인 것은 일대일 밀착지도 맞춤형 교육이 이루어질 수 있기 때문이다. 로봇을 통해 훈련받은 인간은 마치 공장에서 제품을 양산하듯이 전문 분야별 지식을 짧은 시간 내에 취득하게 된다. 물론 교사라는 직업이 사라지지는 않을 것이다. 다만 앞으로 교사는 교육현장을 돌면서 피교육자의 상태를 점검하고 때로는 기계가 할 수 없는 정서적 교감을 제공하는 좀 더 차원 높은 교육 지도를 하게 될 것이다. 창의력을 높이기 위한 문제 발굴 활동과 함께, 같이 프로젝트를 수행하며 팀워크를 가르치는 등 사회적 적응 능력을 기르는 일도 교사의 몫이 될 것이다. 지금처럼 폐쇄된 공간에서 주입식으로 가르치는 교육은 머지않아 사라질 것이다. 현재 미국에서는 STEM 교육[233)]으로 미래 공학자를 창조적 인재로 육성한다. 이제 이 교육의 핵심 수단은 로봇이 될 것이다.

그렇다면 로봇이 교사를 대체하게 될까? 개별 학습이 4차 산업혁명 시대의 교육법이라고 볼 때, 단순 지식전달 기능은 앞으로 인터넷이나 로봇이 대체할 것으로 보인다. 그리고 피학습자의 지식 체계를 인공지능이 파악하여 수준별 교육을 실시하는 형태로 변화하게 될 것이다. 이미 페퍼는 교육현장에서 활약

---

233) https://en.wikipedia.org/wiki/Science,_technology,_engineering,_and_mathematics

하고 있으며, 앞으로 교사들은 반복 학습, 단순 지식전달을 하는 역할에서 학생 개개인의 창의력과 문제해결 능력, 문제발굴 능력을 육성하는 역할로 바뀌게 될 것으로 교육 전문가들은 예측하고 있다.[234]

## 로봇이 지켜주는 안전한 사회

앞으로의 로봇은 인식 기능 및 인지 기능이 강화되면서 스스로 상황을 판단하게 된다. 그에 따라 인간의 범죄를 감시하는 CCTV가 지능화되어 범죄현장을 포착하거나 수상한 움직임을 감지하여 예의 추적하는 기능이 현실화된다.[235] 일단 사건이 발생하면, 범죄예방 센터로 연결되어 지속적으로 움직임이 추적된다. 인근 무인 경찰차로 연락이 가고, 무인 경찰차가 현장에 도착하면 경찰 로봇이 범인을 체포한다. 물론 로봇은 인간을 살상할 수 없다. 따라서 제압할 수 있는 안전 장치로 범인을 체포한다. 인간경찰이 범인을 구타하여 인종 분쟁이 일어나는 일은 옛이야기가 된다. 물론 이 정도가 되려면 많은 일이 선결되어야 한다. 우선 인간과 같은 구조의 몸 크기를 갖고, 인간을 부축하거나 제압하여 경찰 호송차에 실을 수 있어야 한다.

로봇견도 현실화될 것이다. 사실 인간이 개를 동반자 또는 반려견으로 여기는 이유는 외로움을 달래주는 가족과 같은 역할을 한다는 것 외에도 주인의 안전을 지켜주는 지킴이이기 때문이기도 하다. 개는 도둑이 들면 으르렁댄다든가 주인이 위험에 처하면 주위에 알리고, 심지어 위해를 가하는 사람에게 대들어 주인을 보호하기도 한다. 갑자기 주인이 쓰러지거나 위험에 빠지면 구난을 하거나 그렇지 못할 경우 즉시 구호를 받을 수 있도록 주위에 연락하였다는 미담도 있다. 이 모든 기능을 로봇이 할 수 있을까? 바로 로봇 경비견, 로봇 보디

---

234) https://www.youtube.com/watch?v=C96m2Ghr7DA
235) https://www.youtube.com/watch?v=fUKpGLk9Ml8

가드의 역할을 말이다. 그러려면 일단 두 가지가 가능해야 한다. 우선 로봇견의 움직임이 강아지만큼 빨라야 한다.[236] 두 번째로 가격 문제가 해결돼야 한다. 그렇게만 된다면 현재의 기술로도 로봇에 IT 기술을 접목해 사물을 판단하고, 상황을 이해하고, 약간의 보호 무기도 장착하여 경비견 로봇과 함께하는 것이 실현 가능해 보인다.

이에 필요한 기술들은 다음과 같다. 먼저 이동 능력을 살펴보자. 4족 보행을 하며, 고속으로 달리는 차세대 인공지능 로봇 개 스팟미니를 보자. 스팟미니는 일단 배터리로 동작하며, 집안을 돌아다닌다. 식탁 밑으로 들어가는 것도 가능하다. 목도 있어서 다양한 동작이 가능하다. 싱크대 위의 물건을 정리하는 것도 가능해 보인다. 쓰러졌다 다시 일어나는 것도 가능하며, 계단을 오르기도 한다. 야외 잔디밭을 걷는 것도 가능하다. 주인과 장난을 치며 교감도 한다. 물론 발목은 아직 없지만 자이로를 이용하여 균형을 잡는 걸음새는 세계 최고 수준인 것으로 보인다. 또한 민첩함과 모터의 강력한 힘이 돋보인다. 더불어 경사와 장애물을 넘는 등 스팟미니는 현존하는 로봇 기술 중 가장 뛰어나다. 자동차가 자율주행할 때처럼 스스로 위치를 인식하는 능력은 로봇 이동 시 가장 중요하다. 현재의 기술로는 라이다를 장착하여 주변을 살피고, 미리 작성된 지도 정보와 비교하며 상황을 인식하는 기술이 가능하다. 또 스팟미니는 스테레오 카메라를 장착하여 주변을 3D로 이해한다. 레이저 레인저도 갖고 있어, 주변 정보를 정확히 측정한다. 스팟에게 대체적인 방향(General Direction)만 지시하면 모든 판단과 미션은 스팟이 스스로 계획하고 수립한다. 일종의 ROS(Robot Operating System)가 있는 것이다. 단 하나의 동작을 하도록 미리 짜놓은 대로 프로그램된 것이 아니라는 것이다.[237] 이것이 기존의 로봇 데모와 스팟 데모의 차이점이다. 자동차를 생각해

---

236) https://www.youtube.com/watch?v=gLqM7TJX4BE
237) https://www.youtube.com/watch?v=AO4In7d6X-c

보자. 시동을 켜고 차를 움직이는 명령은 인간이 내리지만, 내부 엔진을 제어한다든지 변속기를 제어하는 것은 내부 프로그램이 한다. 이러한 명령 구조는 로봇에게 그대로 구현된다. 어디까지 인간의 통제 속에 있느냐가 논의 대상이다. 이제 문제는 인간과 로봇의 인터페이스이다.

그렇다면 이 로봇이 어떤 면에서 유용할까? 인간의 말을 알아듣고, 인간의 기분을 이해하고, 상황을 판단하는 능력까지 주어진 로봇, 그야말로 우리에게 없어서는 안 될 진정한 동반자가 되는 것이다. 가족이 해체되고, 미혼 여성·남성들이 독신으로서의 삶을 원하고, 점차 자식들이 성장하여 부모의 곁을 떠나면서 독거노인이 늘어나는 1인 가구 시대에 로봇이 홀로 사는 사람들의 곁을 지키며 잔심부름을 해내는 동반자의 역할을 하는 모습을 상상해 본다. 물론 앞으로 20년 이내에 벌어질 일이라 확신한다.

## 공포의 살인 무기인가, 우리를 대신할 국방 체계인가

미래의 전투현장에 더 이상 인간병기는 없다. 무인 차, 무인 탱크, 무인 잠수함, 무인기가 적진에 침투하여 목표물을 요격한다. 지상전에서도 와일드캣과 같은 4족 보행 로봇이나 캐터필러와 같은 전투 로봇이 적군을 제압한다. 결정적인 단추는 지상 센터에서 지령한다. 한 사람이 수십 개의 로봇을 제어하는 전략 시뮬레이션 게이머들이 로봇들을 지휘한다. 무기 강국인 미국과 러시아는 이러한 병사 로봇 개발에 박차를 가하고 있다. 사람이 아닌 로봇이 전투를 벌이는 것은 더 이상 공상과학이 아니다. 미국에서는 팻맨, 로봇사파이어 등이 개발되고 있다. 일본 방위성은 아이언맨과 유사한 구리타스를 개발하여 공개하였다. 우리나라의 레인보우도 국방 로봇을 개발하고 있다.

로봇이 단순 물건 인식이나 환경 인식을 뛰어넘어 상황을 인식하는 수준에 도달하게 된다면 어떤 일이 벌어질까? 이제 로봇은 전략만을 하달받게 되고,

상황에 맞추어 발포하는 로봇 병기로도 발전하게 된다. 인간의 도구인 총과 포는 모두 지능화되고 서로 연결되어, 스스로 작동하는 형태로 발전하게 될 것이다. 역설적으로 인간을 보호하고 방어하기 위한 로봇 방어 체계는 인간을 적으로부터 보호하는 적극 공격 체계로 발전할 것이다. 그러나 인공지능 기술이 급속히 발달하면서 공상과학 영화의 소재라고만 생각했던 치명적인 살상 무기의 탄생이 실현 가능해지는 만큼, 킬러 로봇을 규제하는 국제기구의 뚜렷한 활동도 시급하다.

최근 캘리포니아대학의 AI 과학자 스튜어트 러셀(Stuart Russel) 교수는 첨단 살인 무기가 얼마나 심각한지 보여주는 '학살 로봇(Slaughterbots)'이라는 제목의 7분짜리 동영상[238]을 유튜브에 공개했다. 이 영상에는 손바닥 크기의 반도 안 되는 자그마한 자율 비행체 쿼드 드론이 나오는데, 비행체의 반응 속도는 사람보다 100배 이상 빨라 잡을 수 없고, 광각 카메라, 동작 센서, 얼굴 인식 기능을 갖는 앱을 내장하고 있으며, 내부에는 3g의 고체 폭발물이 들어 있어 살해할 목표물을 찾아내 정확하게 타격하는 장면을 보여준다. 살인 로봇들이 악당들을 찾아내서 차례로 소탕하는 장면도 나온다. 그러나 테러 집단의 손에 들어간다면 인명을 살상하는 끔찍한 총기 난사 사건도 벌일 수 있다.

물론 적극적인 공격을 하는 살인 로봇은 철저히 통제될 것이다. 남자들은 병역의 의무에서 벗어나고, 전쟁터에서 귀중한 목숨을 빼앗는 전투는 모두 로봇이 담당하게 될 것이다. 이렇듯 인간을 대신해 전장에서 싸워줄 수 있는 고마운 존재이기도 하지만 인간을 위협할 가능성도 배제할 수 없는 무장 로봇들이 전쟁터를 누비고 시내를 활보하며 사회를 지켜주는 로봇 시대가 온다면 어떨까? 지금보다 안전하고 행복한 사회가 될지 우려와 기대가 동시에 몰려온다.

---

238) https://www.youtube.com/watch?v=HipTO_7mUOw

## 세상을 통째로 변화시킬 택배 물류

택배 물류는 인터넷 주문에서 자동창고까지는 이미 현실화되었다. 아마존의 물류 시스템, 병원 물류 시스템은 단품 로봇보다는 시스템으로 연동되어 현실화되고 있다. 또한 배송도 자동화되는 추세이다. 문제는 배송 센터에서 개개인의 집까지 배달하는 과정이다. 무인 차에 의해 택배가 거주지까지 배달되면 집마다 이미 설치된 박스에 물건이 로딩된다. 이 과정에서 보안과 방범은 자동으로 연결된다. 스마트폰을 통해 배송 사실이 연락되고, 카메라를 통해 물건과 내용을 확인받는다. 역시 무인 기술과 자동화 기술이 결합한 예이다.

로봇이 택배기사의 역할을 하게 될 수 있을까? 그러려면 일단 모든 아파트와 주택들이 로봇을 위해 경사로를 만들어야 할까? 아니면 아예 사람처럼 보행이 가능한 로봇이 상용화될까? 결국에는 로봇이 차량에서 내려 물품을 들고 아파트 안으로 진입하여 주문자에게 직접 배달하는 일이 가능해질 것으로 보인다. 그런 측면에서 보행 능력을 갖춘 로봇이 등장하게 될 것이다. 그렇다면 당장 2족 보행보다는 보다 안정적인 4족 보행 로봇부터 현실 세계에 투입될 것이다. 그리고 재질과 에너지 문제가 해결된다면 사람과 같이 보행하는 배달 로봇의 등장도 가까운 미래에 현실화될 것이다.

인공지능은 데이터 분석을 통해 인간의 생활 패턴, 생각의 흐름을 예측한다. 정보의 흐름이 인간에서 컴퓨터로 역행하게 되는 것이다. 인간의 모든 움직임을 파악하게 되면 어떤 일이 벌어질까? 모든 유통 산업이 온라인화될 뿐만 아니라 소비 패턴까지 예측해 한발 앞서는 서비스를 하게 된다. 인간의 소비 패턴뿐 아니라 생활 양식이 바뀌게 되고 모든 직업 패턴도 달라질 것이다. 4차 산업 혁명 시대는 데이터 자본주의가 시작되는 시대이다. 데이터를 독점한 기업이 모든 것을 차지하게 될 것이다. 이쯤 되면 골목상권뿐 아니라 대형 오프라인 쇼핑몰도 점차 사라지게 될 것이다. 온라인 쇼핑몰이 유통을 장악해, 퇴근하며 주문한 물품이 집에 도착하면 이미 배송된 일도 발생할 것이다. 마치 닷컴 시대에 마우스가 모든 것을 결정하듯, 사람 자체가 마우스가 되어 오프라인 세계와 사이버 세계가 증강현실로 융합될 것이다. 사람들이 움직인 동선과 주문 패턴이 빅데이터화될 것이다.[239]

## 가사노동에서 해방될까

인간에게 가사노동 해방은 오랜 꿈이다. 그런 만큼 가전 분야에서는 청소 로봇이 가장 먼저 실용화되었으나, 단순한 로봇청소기의 수준을 벗어나지 못하고 있다. 머리핀만 끼어도 작동이 멈추고, 때로는 문턱이나 책상다리에 걸려 제자리를 맴돌기만 할 때도 있다. 정리·정돈 로봇과 같은 본격적인 청소용 로봇은 아직 요원하다. 그래도 뉴욕타임즈는 계속 진화하는 가정용 로봇 10대 제품을 매년 선정·발표하고 있다. 잔디깎이, 욕조 청소, 바비큐그릴 청소 로봇 또한 등장하였다.[240]

로봇이 물건을 인식하고 핸들링하는 지능을 갖게 되면, 그 작업 능력은 인간의 능력 수준에 도달하게 될 것이다. 그리고 그 날은 궁극적으로 인간이 가사노동에서 해방되는 날이 될 것이다. 집사 로봇이 상용화되어 집안의 물건들을 정리·정돈하고, 구석구석 청소도 하며 식사 보조·세탁 등 집안일을 도맡아 도와주는 1가정 1로봇 시대가 도래할 것이다. 그 시장은 자동차 산업의 10배 이상 규모로 커질 것이며, 이러한 로봇을 제작·판매하는 회사는 지금의 가전, 자동차 규모를 뛰어넘는 초대기업이 될 것으로 예상해 본다.

---

239) http://www.fnnews.com/news/201711141708183881
240) https://www.youtube.com/watch?v=AH_eQS5Tzyo

## 인공지능 의사가 실현되는 시대

컴퓨터와 인공지능 그리고 로봇 기술의 발달로 머지않아 의료계의 혁명적인 변화가 예상된다. 일단 병리학(Pathology), 종양학(Oncology) 분야는 왓슨(Watson for Oncology)[241]과 같은 인공지능이 대세를 이룰 것으로 예상하며, 병리진단 분야부터 빠르게 인공지능으로 대체될 것으로 보인다. 의료 로봇(Medical Robot)은 로보틱스 기술과 의료 기술이 융합된 결정체이다. 이제 로봇 기술이 가지고 있는 정밀성, 소형화, 3D 정보화 기술을 기반으로 수술의 패러다임이 바뀌고 있다. 로봇은 생체 신호와의 접목을 통해 운동성 강화 등 재활의학 분야에서도 두각을 나타내고 있다. 또한 원격진료 등 의사와 환자 간의 매개체 역할이나 포괄 간호 등 의료 보조 인력으로서 로봇의 역할은 점차 확대되고 있다. 수술 로봇은 의사 대신 수술을 하는 것이 아니라 의사를 보조해 공조하며 수술을 하는 로봇으로, Robot Assisted Surgery가 맞는 표현이다. 인튜이티브 서지컬이 수술 로봇으로 성공사례를 보인 이후 로봇 수술에 대한 관심이 높아지고 있다. 차세대 로봇 수술로는 단일공 수술(Single Port Surgery)[242]과 의료용 내비게이션 기반 수술이 있다. 차차세대 로봇으로는 MEMS 기반 마이크로 내시경 수술 로봇이 있다. 그러나 앞으로 미래의 수술 로봇은 수술 보조 로봇에서 자동수술(Autonomous Surgical Robot)로 발전할 것이며, 최소침습(Minimal Invasive)에서 노츠(Notes)[243]와 같은 비침습(Non-Invasive) 수술로 발전할 것이다.

흔히 수술실은 전쟁터와 같다고 한다. 일단 사람의 목숨이 경각에 달려있고, 수술진과 수술대에 누워 있는 환자의 긴장감은 마치 전쟁터에서 느낄 수 있는 수준으로 최고조에 다다르기 때문이다. 현대 수술의 패러다임은 예전의 전통적

---

241) https://www.youtube.com/watch?v=hbqDknMc_Bo
242) https://www.youtube.com/watch?v=NCWKMWdFpdE
243) Natural orifice transluminal endoscopic surgery

인 개복 수술에서 복강경 수술, 다시 로봇 수술로 바뀌고 있다. 그렇다면 미래의 수술은 어떤 모습으로 바뀔까? 인공지능(AI)을 생각해 보면 답을 쉽게 찾을 수 있다.[244] 현재 AI 기술은 단순 영상 판독을 넘어 영상이 어떤 의미인지 파악하는 수준에까지 도달하고 있다. 비디오를 보여주면 현재 상면이 어떤 상황인지 인지할 수 있는 것이다. 지금도 수술 로봇을 활용하는 수술 현장에서는 수술 장면 자체가 환자의 동의 아래 녹화, 저장된다. 그야말로 빅데이터가 쌓여가는 것이다.

현재 의사들은 로봇 수술을 배우려고 라이브로 수술 현장을 참관하거나 의사만 접속할 수 있는 공유 사이트에서 녹화된 수술 장면을 보며 로봇 수술 기법을 익히고 있다. 이러한 학습을 기계가 할 수 있다면? 전쟁터에서 총은 병사들이 쏘고 병사 배치, 전술, 전략 등은 지휘본부에서 명령하고 수립한다. 이 개념을 수술실로 옮겨 보자. 실제 총을 쏜다는 것은 적군을 인식하고 타깃을 정해 공격하는 것을 의미한다. 1단계로 암세포를 찾아내고, 암세포를 제거하는 동작은 현재도 로봇이 담당할 수 있다. 암세포를 인식하는 영상 인식 기술과 암세포를 떼어내는 핸들링 기술은 이미 로봇 기술에서 보편화됐기 때문이다. 2단계는 암세포에 접근하기 위해 진입 통로를 확보하는 과정이다. 이 단계가 수술 시간의 대부분을 차지한다. 진입 통로 확보를 위해서는 장기의 종류와 위치를 판별, 현재 어디에 무엇이 있는지 알아내는 환경 인식 기술이 필요하다. 이 기술 또한 로봇 기술에서 계속 연구되고 있는 분야이다. 3단계는 수술 기법이다. 어디를 어떻게 절개하고, 목표물을 발견하면 어떻게 처리해야 하는지와 함께 봉합술과 같은 미묘한 손기술 동작을 학습하는 것이 필요하다. 이를 위해서는 동작 인식 기술이 필요하다. 또한 지금까지 모인 수많은 수술 장면을 기계가 학습하려면 영상 데이터와 함께 수술 도구 마스터 장치 동작 명령 등을 모두 실시간으로

---

244) http://www.etnews.com/20171016000177

저장하는 빅데이터 수집 환경이 필요하다. 데이터만 모이면 이러한 동작 학습이 가능할 날도 머지않은 것으로 보인다. 4단계는 바로 자율 수술 계획이다. 최적 경로를 찾거나 주요 장기를 우회하는 수술 계획 등을 AI가 할 수 있다면, 그리고 계획과 수술 절차(Procedure)가 인간보다 정확하고 효율이 높다면 그야말로 스마트수술이 실현되는 것이다.

4단계까지 실현되면 이제 수술 의사는 필요 없게 되는 것일까? 그렇지는 않을 것으로 보인다. 미래의 전쟁에서는 실제로 총을 쏘고, 적진을 공격하는 루트를 개척하고, 적진을 점령하는 모든 작전은 로봇이 수행할 것으로 보인다. 그러나 전략을 수립하거나 예측하지 못한 상황에서 요구되는 중요한 판단 등은 역시 작전사령부에서 이뤄져 로봇에게 지시를 내리는 형태일 것이다. 이와 마찬가지로 미래 수술실을 지키고, 진입 통로를 확보하고, 암세포를 제거하는 일련의 수술 동작은 수술 로봇이 수행하게 될 것이다. 그러나 수술 전략 및 위험 상황에서의 중요한 판단에는 의사가 개입하는 인간-로봇 협업 형태의 수술이 이루어질 것으로 보인다. 현재 다빈치에 의해 세계 약 4,400대의 수술 로봇이 수술 현장 빅데이터를 모으고 있는 것으로 알려져 있다. 이제 미래 수술 로봇은 장치 전쟁이 아닌 데이터 전쟁으로 바뀔 것이다. 누가 얼마나 많은 데이터를 모으느냐에 따라 수술 로봇 산업의 강자가 결정될 것이기 때문이다. 이것이 우리가 수술 로봇 연구를 지속해야 할 이유이자 AI 기술을 계속 적용하며 미래의 스마트수술 로봇 연구에 박차를 가해야 하는 이유이다.[245]

의료계의 변화는 수술 로봇에서 끝나지 않는다. 의료용 내비게이션 장비가 몸 안을 샅샅이 데이터화한다. 그 후 몸의 모델 구조를 컴퓨터화하고, 인간의 몸에 수십 개의 마커를 붙여 전체 움직임을 모델링한다. 인체 모델링을 통해 내부 장기의 움직임을 계산한다. 호흡도 중요한 포인트이다. 호흡량을 통해 몸

---

245) http://www.etnews.com/20171016000177

의 변화를 치밀하게 계산한다. 맥박과 혈압을 통해서 살아있는 생체의 움직임을 보정한다. 체온의 경우 몸 전체를 구역별로 측정해 몸의 지도를 업데이트한다. 이러한 일이 실현되면 어떤 일이 벌어질까? 2030년의 어느 날, 갑상선 기능 항진증을 앓는 환자는 다음과 같은 스마트폰 메시지를 받을 것이다. "심장 박동이 불규칙하고 두근거림이 심해요. 잠도 못 자고 예민해져 있네요. 의사에게 진찰을 받아봐요." 몸에 지닌 웨어러블 센서가 환자의 움직임과 맥박·혈압을 모니터링한다. 스마트폰은 그의 일과표에서 호르몬에 영향을 미칠 만한 일정이나 변화를 살핀다. 그리고 인공지능(AI)이 종합 분석해 진단을 내리는 것이다.[246]

앞으로는 살아있는 몸의 지도가 형성될 것이다. SLAM 기술이 아닌 HLAM 기술이 되는 것이다. 이제 몸을 절개하지 않고도 레이저나 작은 구멍을 통해 바늘이나 혹은 가는 로봇팔이 들어가 수술하는 시대가 열린다. 인간의 형상을 한 로봇 집도의를 상상하지 마라.

이제 의수·의족을 대신하는 로봇 다리, 로봇손부터 재활 환자의 재활을 돕는 재활 로봇들도 곧 상용화될 것이다. 여기에 필요한 기술은 생체 신호 인터페이싱과 인간의 움직임을 학습 패턴으로 하는 보행 알고리즘 몸가짐 제어 기술 등이다. 스마트 슈트와 같은 재활, 헬스 기기도 보편화될 것이다. 수술뿐 아니라 간호·간병 분야에도 로봇이 등장하여 환자와 의료진 간의 매개체로서 환자의 정보를 실시간으로 제공하고, 환자와의 대화를 통해 간호 보조를 해주는 기능을 할 것이다. 환자를 핸들링하거나 투약하는 것과 같은 간호 업무에 로봇이 사용될 날도 머지않은 것 같다. 특히 감염이 예상되는 전염병 환자의 경우, 원격 로봇에 의한 환자 치료가 가능해질 것으로 보인다. 병원 자체도 자동화되어 모든 물류는 로봇이 맡게 될 것이며, 각종 3D 의료 폐기물을 처리해줄 것이다. 더불어 인공지능이 병원 자동화 시스템(Hospital Automation System, HAS)과 연동되어 시스

---

246) http://news.joins.com/article/22129521

템적으로 운영될 것으로 예상한다. 또한 병원에서 취득된 모든 정보가 데이터 센터로 수집되며 분석 및 학습되어 다시 최적화되고 정밀해지는 지능형 병원(Intelligent Hospital)[247]이 발전할 것이다. 100세 장수 시대에 인간이 질병과 노화에서 벗어나 로봇과 인공지능에 의해 치료되고 관리되는 꿈 같은 미래가 곧 현실로 다가올 것으로 기대된다. 이렇게 되면 의료 산업의 규모는 서비스 산업이나 설비 산업만큼 거대해질 것으로 예상하며, 독일과 미국을 중심으로 주도되는 의료기기 산업의 축은 더욱 공고해질 것이다. 우리나라도 늦은 감이 있더라도 의료기기 산업을 주력으로 육성하고 이제 걸음마를 뗀 수술 로봇에 더욱 투자를 확대해야 한다. 그리하여 다가오는 거대 헬스케어(Health Care) 산업 시대에 대비해야 할 것이다.

## 로봇으로부터 위안을 얻는다

애완 로봇은 동물 형상을 본뜬 로봇이다. 10여 년 전 일본 SONY사가 선보인 강아지 로봇이 애완 로봇의 효시이다. 앞으로는 보스턴 다이내믹스사의 빅독, 와일드캣 등보다 민첩한 사족 보행 동물의 움직임이 재현될 것이다. 로봇 배우나 로봇 가수, 로봇 운동선수들이 인간을 대신할 것이다. 다소 민감한 사회 문제를 야기하겠지만 섹스 로봇[248]도 피할 수 없을 것이다. 적정한 사회적 합의하에서 섹스 로봇이 허용되고, 성적 치유와 요법에 로봇이 도움을 줄 수 있을 것이다. 특히 격투 로봇과 같이 인간의 폭력·욕망을 대신하는 로봇은 현실적으로 우리의 스트레스를 날려줄 대안으로 다가올 것이다.

---

247) https://pulse.embs.org/november-2014/intelligent-hospital/
248) http://newsweekkorea.com/?p=13986

## 동반자가 되는 로봇

노인의 외로움 문제가 심각하다. 인간이 점차 나이가 들며 가족이 해체되고, 배우자도 떠나게 되면 노인은 온종일 집에 혼자 있게 된다. 극심한 외로움에 노인들은 하루하루 지내기 힘들어진다. 동작도 느려지고 누군가의 도움 없이는 일상생활을 하지 못하게 된다. 사람이 거동을 못 하게 되면 물 한 컵 마시기도 힘들어진다. 이때 노인의 심부름을 대신해주고 대화도 나누는 로봇, 바로 노인 돌보미 로봇이 사회복지 차원에서 필요할 것이다.[249] 문제는 아직 기술적으로 해결할 부분이 많다는 점이다. 일단 위치 인식 기술이 아직도 힘든 단계에 있다. 방 안의 모든 물건을 바코드화하여 물체 인식을 가능하게 하는 것이 필요하다. 모든 물건의 인식이 끝나면, 물건 간 연결 관계를 데이터베이스에 등록한다. 물병 안의 물을 가는 주기, 빨랫감을 놓을 장소 등을 입력하는 것이다. 가장 힘든 일은 옷 갈아입히기, 배변 보조 등의 동작이다. 모든 것을 로봇이 인간처럼 하기는 힘들다. 일단은 로봇이 하기 쉽도록 모든 것을 개조해야 한다. 환경-로봇-인간의 완전한 상호작용이 중요하다. 또한 중간 단계의 로봇 환경 시스템 구조를 통해 실용화하는 것이 필요하다. 이를 위해서는 법의 개정, 환경의 개선 등도 뒤따라야 할 것이다.

물론 인간이 하는 일을 완벽하게 대체할 만한 로봇을 개발하는 것은 아직까지는 먼 미래의 이야기다. 로봇이 집안일을 다 해주고, 거동이 불편한 노인에게 필요한 모든 서비스를 해주는 것은 현재 기술로는 불가능하다. 하지만 미래 스마트홈 환경에서 가정용 로봇의 역할은 지금보다 훨씬 커질 가능성이 높다. 특히 미래 초노령화 시대에는 그 역할이 더 중요해질 것이다. 가까운 미래에는 AI와 상담하게 되어 콜센터의 전화 연결을 기다릴 필요가 없어지고, 거동이 불편

---

[249] http://www.irobotnews.com/news/articleView.html?idxno=7254

한 사람도 자율주행차를 타고 목적지까지 혼자 이동하게 된다.[250]

## 외로울 때 같이 있어 주는 친구

인간은 외로움을 못 견뎌 한다. 과연 로봇이 인간의 반려자와 친구 역할을 할 수 있을까? 같이 식사하고, 잠자고, 쇼핑하고, 차를 마시고, 대화를 나누고, 드라이브를 즐기는 그런 친구가 될 수 있을까? 때로는 연인처럼 기계와 감정적 교류까지도 할 수 있을까? 많은 대화를 통해 기계가 주인의 생각과 심정을 이해할 수 있을까? 이러한 기능을 연구하는 분야가 있으니 그것이 바로 인간-로봇 접합(Human-Robot Interface)기술이다. 사람만이 느낄 수 있는 오묘하고 세세한 감정의 변화까지도 로봇이 알 수 있다면 그때는 동반자 로봇(Companion Robot)이 현실화될 수 있을 것이다. 이러한 동반자 로봇이 현실에 나오면 과연 인간은 외로움을 이겨낼 수 있을 것인가? 인간끼리의 사회적 활동은 점차 줄어들고 기계와 함께하는 시간이 점차 늘어나게 된다면, 과연 인간은 기계를 통해서 진정한 마음의 위안과 정신적 안정을 찾을 수 있을까? 현재로서는 알 길이 없다. 그러나 평생을 같이 살아온 노부부들이 나이 들어 반려자를 잃고 나서 느끼는 상실감은 견디기 힘들 만큼 커서, 노령화 사회에서 심각한 사회적 문제가 되고 있다. 이러한 노인성 우울증으로 인한 고통은 자식으로서도 해결할 수 없다. 그렇듯 남편을 그리워하고, 부인을 그리워하는 홀로 남은 노인들에게 반려자 로봇은 매우 큰 역할을 하게 될 것이다. 평소 자신의 짝과 나눈 대화를 모두 녹음하여 이를 데이터화하고 사후에 그 데이터를 기반으로 하여 대화를 하는 반려자 로봇이 빈자리를 채워준다면 말이다. 그러기 위해서는 부부가 서로 살아가는 동안 나누었던 기억을 로봇이 모두 가질 수 있도록 하는 기술이 필요하다. 더불어 서

---

250) http://news.joins.com/article/22129521

로 보고 듣고 느끼는 모든 것을 기록하고 데이터화하는 기술도 필요하다. 이러한 기술적 환경은 집 전체가 IoT화되어 집안에서 이루어지는 모든 대화와 장면들을 IoT화된 스마트홈이 감지하고 기록하게 될 것이다. 그리고 인간의 몸짓과 형상들 또한 3D 모델링 되어 모두 기록되고 저장될 것이다. 이렇게 모든 행동과 감정, 외모의 모습을 데이터화하면 일종의 디지털 컴패니언(동반자)이 구현된다. 그리고 학습에 의해 디지털 컴패니언 원본보다 더 원본 같은 복제품이 만들어진다. 이렇게 되면 일상의 기록을 데이터화해주는 디지털 라이프 레코딩 사업이 신종사업으로 생겨날 것이다. 동반자와 이별을 하게 되면, 복제품 로봇이 집으로 배송될 것이다. 그 동반자 로봇은 이제 정신적, 육체적인 모든 기억을 기반으로 원본처럼 행동할 수 있으리라.

## 미래의 농업 기술 스마트팜

앞으로 로봇을 기반으로 한 농기계의 혁신이 이루어질 것이다. 결국 인간의 손길이 가는 농작물의 생산은 로봇 기반으로 모두 바뀔 것이다. 인간의 주 에너지원인 농작물의 생산은 앞으로도 계속 필요하기 때문이다. 현재 상용화된 것은 낙농가의 일손을 돕는 자동 착유 로봇이다. 자동 착유 로봇은 비전 시스템으로 젖소의 유부 배열 상태를 인지하고, 착유기를 물려 일정량을 착유한다. 일손도 덜고 산유량도 증가하여 낙농가에서 인기라고 한다. 문제는 대당 4억 원 이상을 호가하는 고비용의 시스템이라는 것이다. 기술 발전으로 비용문제가 해결되면, 낙농업을 비롯한 모든 농업 분야의 노동력은 로봇으로 대체될 것이다. 한편 미래에는 자원이 더욱 고갈되면서 로봇을 이용한 국가 간 자원 탐사 경쟁이 극심해질 것이다. 이에 따라 심해저 탐사 로봇도 상용화되어 미래에 자원을 공급하게 될 것이다.

## 인공지능을 대하는 우리의 자세

인간 이세돌과 컴퓨터 알파고(Alphago)의 바둑 대결을 보며 느낀 것은 인공지능(AI, Artificial Intelligence)이 이제 이론 논문이라는 학문적 영역을 떠나 게임, 더 나아가 메디컬, 헬스케어, 자동번역, 투자펀딩, 음악 작곡, 물체 인식, 동영상 인식 등 우리의 실생활(Real World)로 들어오게 되었다는 것이다. 인공지능이 탑재된 CCTV가 범죄 현장을 판단해 우리를 지켜주는 안전한 사회를 기대해 본다. 사실 그동안 연구되어 온 인공지능, 소위 머신러닝(Machine Learning, 기계 학습) 이론은 지난 50여 년간 꾸준히 발전되어 왔다. 새삼 지금에 와서 각광을 받는 것은 컴퓨팅 환경의 변화가 원인이다. 예전에는 상상도 못 했던 거대한 메모리와 소위 클러스터링(Clustering)이라는 분산처리 기법이 실현되면서 수천 대의 슈퍼컴퓨터들이 서로 연결되어 자료를 교환하는 시스템을 구축한 것이다. 영화 터미네이터에 나오는 네트워크(스카이넷)가 연상된다.

이제 우리 인간의 과제는 기계와의 경쟁에서 살아남는 일이다. 영화 터미네이터(Terminater)나 매트릭스(Matrix)처럼 삶과 죽음을 놓고 싸우는 전쟁은 아닐지라도 일자리를 놓고 경쟁하게 될 것 같다. 앞으로 인공지능이라는 문명의 이기를 어떻게 활용하고 다스려야 하는지는 우리에게 숙제로 남아있다. 무작정 공포에 떨고 적개심을 품는 것은 마부들이 자동차를 부수고, 실직자들이 기계를 부수며 산업혁명을 저지하고자 했던 러다이트 운동과 다를 바 없다. 감정적 두려움을 딛고 AI를 차지하는 국가가 바로 AI 신산업으로 산업 구도가 바뀌는 4차 산업혁명에서 절대우위를 차지하는 형국이 될 것이다. 상품/서비스의 생산, 유통, 소비의 전 과정에서 모든 것이 연결되고 지능화되는 세상이다. 4차 산업혁명은 빅데이터, AI, 자율주행, 사물인터넷, 3D 프린팅, 공유경제, AR/VR, 로봇 등을 기반으로 한 만물 초지능 혁명이다.[251] 이제 막 시작된 Industry 4.0시대를 어떻게 맞이할 것인지 진정 고민할 때가 온 것이다.

아직 때는 늦지 않았다. 보다 체계적이고, 단발성으로 끝나지 않을 지속적인 연구 기반을 지금부디라도 쌓는다면 말이다.

## 점점 인간을 닮다

시장조사 기관 '리포트앤리포트'는 2023년까지 휴머노이드 로봇 시장이 매년 52%의 성장률을 기록할 것으로 예측했다.[252] 2017년 3억 2,030만 달러였던 휴머노이드 로봇 시장은 2023년 39억 달러로 13배 이상 성장할 전망이다. 로봇에 더 많은 고급 기능이 도입될 뿐만 아니라 다양한 사회적 요인으로 인해 수요가 촉발된다는 분석이다. 고객 지원을 맞춤형으로 제공하려는 소매업계와 교육 시장에서는 휴머노이드 로봇 사용이 늘어날 것으로 예상한다. 의료 및 물류 부문의 경우에도 자율 구조 분야와 더불어 로봇을 통해 인공지능(AI)을 통합하는 수요가 증가할 전망이다.

휴머노이드 로봇 시장의 선도적인 제조 플레이어로는 소프트뱅크, 로보티즈, 카와다 로보틱스, 혼다 자동차, 유비텍 로보티카, NASA 등이 있다. 보고서에 따르면 미주 지역은 홍보, 개인 지원 및 간병, 교육 및 오락 등 모든 주요 애플리케이션을 위한 휴머노이드 로봇의 얼리어답터 역할을 하는 로봇에 대한 최대 수요처이다.

휴머노이드는 70년대 말 조지 루카스의 SF영화 스타워즈에서 공개된 R2-D2와 C-3PO에서 그 이미지를 찾을 수 있다. 휴머노이드 로봇은 인간의 형태를 가진 로봇이다. 휴머노이드 로봇의 개발은 두 다리로 걷는 동작에 대한 연구 목적

---

251) http://news.joins.com/article/22129521
252) http://www.irobotnews.com/news/articleView.html?idxno=12175

도 있다. 휴머노이드 로봇은 일반적으로 상체(Torso), 머리(Head), 두 손(Two Arms), 두 다리(Two Legs)를 갖는다. 머리에는 눈과 입을 갖고 있어 표정도 지을 수 있다. 그중에서도 안드로이드라는 것은 미학적으로 인간을 흉내 내 만들어진 휴머노이드 로봇을 말한다.

현재 휴머노이드 로봇의 지능 수준이 어디까지 도달했느냐는 말하기 어렵다. 그럼에도 그 수준을 사람과 비교하자면, 환경을 인식하여 걷고 움직이는 동작 기능, 물체를 구별하여 잡고 핸들링하는 작업 기능, 학습 지능을 가지고 생각하고 판단하는 인지 기능의 세 가지를 바탕으로 판단했을 때 이제 5세 수준이라고 보면 적당하다.

자동차, 휴대폰에 이은 인류 최후의 발명품은 무엇일까? 그것은 인간이 자신을 닮은 기계를 만들고자 하는 창조적 염원에 따라 인간의 형상을 하고 인공지능을 가진 로봇이 될 것이다. 앞으로 로봇이 15세 수준이 되면 외부의 도움 없이 인간이 쓰는 도구와 환경에서 상호작용을 할 수 있는 수준에 도달할 것이다. 휴대폰이 처음 세상에 나왔을 때는 기기가 워낙 고가였기 때문에 최초의 사용자들은 일부 계층에 국한되었다. 가족용 로봇도 마찬가지가 될 것이다. 앞으로 5년 내에 상용화할 수 있는 수준의 휴머노이드가 나온다고 하더라도 그 가격은 자동차 가격의 몇 배 수준이 될 것이다. 그처럼 수백만 원대의 고가 제품일 것이므로 아마도 부유한 노령층의 말벗 정도가 될 것이다. 문제는 기능인데, 지능화 속도와 제품화 기술이 맞물리면서 기능성은 높아지고 제품의 보편성도 커지면서 휴머노이드 로봇의 역할은 생활 보조수단으로까지 커질 것이다. 주인을 알아보고 다가오고, 같이 TV를 시청하며 말동무가 되어 주는 수준이 될 것이다. 휴머노이드가 1가정 1로봇의 수준으로 보급되는 데 10년이면 충분할 것으로 보인다. 거기서 다시 10년 후면 없어서는 안 될 진정한 생활형 로봇 휴머노이드의 시대가 올 것으로 예상한다. 그 후에는 착용형 로봇의 단계가 올 것이다. 즉, 우리의 몸을 지탱해 주는 로봇, 우리의 몸 전체를 통제하는 사이보그 시대를 예상해 볼 수 있다. 이것이 바로 2단계 진화인데, 1단계에서 로봇이 우리 생활 속으로 들어온다면 2단계에서는 로봇이 우리 몸속으로 들어온다. 소위 100세 시대의 총아로서 로봇과 우리가 한 몸이 되는 사이보그 로봇 시대가 올 것이다.

## 2

# 사회는 어떻게 바뀔 것인가

　이제 로봇이 지능을 가지는 것을 뛰어넘어 지능 로봇이 취득한 모든 데이터는 초연결된 데이터 센터로 수집되고, 이를 기반으로 고도화된 지적능력이 다시 로봇에게 전파되는 집단 학습이 이루어질 것이다. 그야말로 로봇이 가진 이동 능력, 작업 능력 그리고 인간과 대응하며 얻은 사회적 능력 등이 모두 데이터 수집에 사용되어, 로봇이 인간을 대신하여 인공지능을 위한 정보수집자·센서의 역할을 하게 될 것이다. 그러면 인공지능의 능력은 지금껏 우리가 경험해 보지 못한 수준으로 발전하여, 국가적 경제 전략, 기업의 경영 전략, 국방 전략 등을 모두 책임지게 될 것이다.

　20년 전 닷컴 시대가 왔을 때 많은 미래학자와 경제학자들은 부동산 가격이 하락하고 유통 산업이 모두 바뀔 것으로 예측했다. 그래서 부동산 보유자들은 대부분 자산의 현금 비중을 높이고, 투자 또한 기존의 유통 산업에서 온라인으로 바꾸었다. 그러나 20년이 지난 지금 부동산은 몇 배로 뛰고 의류 판매장 등 기존의 소비 산업 역시 더욱더 발전하고 있음을 볼 때, 당시의 예측은 모두 빗

나간 것으로 평가되고 있다. 이를 어떻게 보아야 할까? 당시 학자들은 무엇을 고려하지 않은 것일까? 지금은 4차 산업혁명 시대라고 한다. 그리고 20년 전과 똑같은 예측을 경제학자와 미래학자들이 하고 있다. 산업 지형이 바뀌고, 소비 패턴이 바뀌고, 사회 구조가 완전히 바뀔 것이라고 말이다. 또 한 번 자산가들은 혼란에 빠지기 시작한다. 어디에 투자해야 미래를 보장받을 수 있을까, 금리는 오를 것인가 내릴 것인가, 부동산은 오를 것인가 내릴 것인가, 어떤 기업에 투자해야 할까, 지금의 투자 포트폴리오를 어떻게 가져가야 할까. 과연 이 모든 것에 대한 명쾌한 해답을 내릴 수 있을까? 모두가 4차 산업혁명을 외치지만, 그 실체가 무엇인지 아무도 명확하고 속 시원히 말하지 못한다. 부동산을 보유해야 하나 말아야 하나, 유동자산 비중을 높여야 하나 낮춰야 하나, IT 기업에 투자해야 하나 BT 기업에 투자해야 하나, 분명한 방향성을 잡지 못하고 답답해하고 있다. 4차 산업혁명의 본질을 깨달아야 이 모든 의문에 올바른 대답을 할 수 있다고 본다.[253]

## 데이터 혁명

닷컴 시대의 정보화 혁명이 단순히 인간에게 컴퓨터가 정보를 제공하는 시대를 열었다면, 4차 산업혁명은 인간의 데이터를 컴퓨터가 수집하는 시대를 열었다. 또한 데이터 분석을 통해 인간의 생활 패턴과 생각의 흐름을 파악하게 되어 이를 기반으로 예측을 하는 것이 가능해졌다. 오히려 정보의 흐름이 인간에서 컴퓨터로 역행하게 된 것이다. 인간의 모든 움직임을 파악하게 되면 모든 비즈니스 패턴이 바뀌게 된다. 호텔숙박업은 항공운송업 데이터를 통해 수요를 예측하게 되고, 패션 스타일에서 영화 시나리오까지 유행의 패턴을 예측하는

---

253) http://www.fnnews.com/news/201711141708183881

것도 가능해진다. 이처럼 기계가 수집한 데이터를 기반으로 한 비즈니스 혁명이 일어날 것이다. 인간의 생활 양식이 바뀌고, 모든 직업 패턴이 달라질 것이며, 전통적인 형태의 상거래는 혁신적인 형태로 탈바꿈하게 될 것이다.

### 빈익빈 부익부의 세상

4차 산업혁명 시대는 데이터 자본주의가 판치는 세상이 될 것이다. 데이터를 차지한 기업이 모든 것을 차지하는 세상이 된다. 전통적인 매장들은 점차 사라지게 될 것이다. 마치 닷컴 시대에 마우스가 모든 것을 결정하듯이 사람 자체가 마우스가 되고, 오프라인 세계 자체가 정보화되어 모바일 기기만 들이대면 모든 정보가 들어오게 될 것이다. 반대로 사람들이 움직인 동선과 주문 패턴이 데이터화되어 구글과 아마존에 의해 수집될 것이다. 소상권과 골목상권들은 이러한 혁명 시대에 살아남지 못하고 대형 마트의 전시장만이 상권을 형성하게 된다.

### 모든 직업은 혁명적으로 변화

전통적인 직업들은 모두 설 자리를 잃게 될 것으로 본다. 의사, 변호사, 통역사, 교수 모두 새로운 변화에 대응해야 한다. 새로운 일자리 형태에 대응하는 교육기관만이 살아남을 것이다. 전통적인 대학교육도 변해야 살아남을 수 있다. 단순 지식전달 교육은 인터넷과 온라인 강의로 대체될 것이다. 오히려 일대일 개별 학습과 수준별 발달교육의 형태로 인간의 역할이 바뀔 것이다.

**경제 시스템의 변혁**

　국가의 경제력, 경제 시스템이 어떻게 변화할 것인가도 예측해보아야 한다. 한 나라의 경제는 산업경쟁력, 가계소비력, 국가채무 등에 의해 좌우된다. 우리나라의 경제력은 어느 정도인지, 다가오는 4차 산업혁명 시대에 얼마나 준비되고 있는지 예측해보아야 한다. 몇몇 대기업군에 경제력을 의지하고 있는 현재의 구도가 언제까지 계속될 수 있는지도 곰곰이 따져봐야 한다. 더 나아가 국가경쟁력, 경제 시스템도 어떻게 갈 것인가 예측해보고 우리나라의 경제 체력이 4차 산업혁명 시대에도 유지될 수 있는지 점검해봐야 한다. 4차 산업혁명 시대의 국가경쟁력은 데이터 경쟁력이라고 볼 때, 앞으로 대한민국이 가야 할 방향은 정해졌다고 본다. 과연 우리는 4차 산업혁명 시대를 잘 준비하고 있나, 우리의 젊은이들을 이런 시대에 맞는 역량을 갖춘 인재로 잘 육성하고 있나, 우리의 기업들은 변화에 대응하는 새로운 사업 구조로 변신하고 있나, 국가 인프라는 이를 위한 대비와 정책을 잘 마련하고 있나 고민해야 한다. 모두가 눈을 부릅뜨고 다가오는 변화의 물결, 파고를 대비해야 한다.

# 3 어떻게 준비해야 하나

 이상 살펴본 바와 같이 인공지능과 로봇 기술은 상호보완적으로 선순환하며 발전한다. 즉, 인공지능에 의해 로봇 기술이 발전하고, 다시 로봇 기술에 의해 인공지능 기술이 고도화되는 선순환의 고리가 형성될 것이다. 이 순환 고리는 무한히 반복되며, 그 결과로 인공지능이 고도화된 끝에 드디어 인간의 지적 수준을 뛰어넘는 초지능 사회가 현실화될 것으로 보인다. 이러한 시대에 우리는 모든 힘들고 위험한 작업에서 벗어나게 되고, 최적화된 판단 체계에 따라 사회가 운영되는 공정한 시스템 속에서 살게 될 것이다.
 또한 앞으로 20년 이내에 영화 속의 아이로봇처럼, 인간형 로봇이 인간과 함께 생활하며 여러 가지 집안일을 도맡아 하는 시대가 분명히 다가올 것으로 예상한다. 그렇게 되면 로봇 산업 규모는 지금의 자동차 산업의 10배 정도 되는 규모가 될 것이고, 모든 제조업의 핵심이 될 것이다.

이러한 초지능 로봇 시대에 우리 인간의 역할은 무엇일까? 이와 같은 새로운 시대가 다가오는 것은 피할 수 없다. 다만 우리가 그 시대에서도 생존할 방안과 대책을 수립해야 할 때이다.

## 혁신의 시작

이제 로봇은 산업용 팔에서 시작하여 자율주행 청소기, 동물형의 4족 · 6족 보행, 인간형 휴머노이드, 웨어러블 로봇, 마이크로 로봇, 무인기와 무인 자동차에 이르기까지 모든 현실 세계에서 작업 능력과 이동 능력 그리고 교감 능력을 가지고 우리에게 다가올 것이다. 이것이 로봇이 바꿀 우리의 미래이다. 앞으로 10년 이내에 이에 대비하지 못한 국가는 후진국으로 전락하고, 기업은 사라지며, 투자자는 손실을 입게 된다. 미래를 보는 눈만이 세상을 바꿀 것이고, 바뀐 세상에서 승자가 될 것이기 때문이다.

그렇다면 미래를 보며 세상을 바꾸는 사람은 누구일까? 기술을 가진 자, 돈을 가진 자, 아니면 장사수완이 좋은 사업자? 아니다. 바로 혁신자(Innovator)이다.[254] "기업가란 "기업가정신을 가지고 혁신을 통해 창조하는 사람"이라고 어느 경제학자는 정의했다. 어쩌면 기술은 그다음일지도 모른다. 미래를 보는 눈(Look Ahead), 그것이 바로 혁신의 시작이다.

우리나라 로봇 산업은 지난 10년간 정부의 적극적 투자에도 불구하고 현 수준에서 맴돌고 있다. 그사이에 개방과 경쟁 그리고 협동 연구로 눈부신 발전을 한 선진국들이 더욱 혁신적인 미래상을 보여주고 있어 상대적으로 뒤처지고 있는 실정이다. 그러나 이러한 국가 상황 속에서도 세상을 바꾸는 이들은 존재한다. 세계 최고 아니면 최초가 되겠다는 높은 눈높이의 목표를 설정하는

---

254) http://www.irobotnews.com/news/articleView.html?idxno=10009

이들이다.

국내의 한 벤처기업(고영테크놀러지)이 3D 측정 기술을 기반으로 새로운 검사 장비를 개발하여 전 세계 공정검사 시장에 돌풍을 일으킨 바 있다. 해당 기업은 2D를 기반으로 한 검사 자동화 시장의 판도를 3D로 바꾸며 일약 시장의 지배자로 떠올랐으며, 2,000억 원 규모로 세계 시장의 50%에 가까운 점유율을 5년간 계속 유지하며 수익을 창출하고 있다. 지금까지 세상에 없던 혁신적인 제품을 내놓아 새로운 일자리와 수익을 창출하고 있는 것이다. 혁신이라는 코드와 시장이라는 환경이 만나 기존 시장의 판도를 바꾸는 것, 이전의 구글이, MS가, 소니가 그러했었다.

이처럼 시장의 흐름을 보는 투자자만이 살아남는다. 성공하는 벤처인들의 공통점은 바로 남들과 다른 사고를 하고 기존의 질서를 거부한다는 것이다. 시대의 흐름에 따라, 사회의 취향과 요구에 따라 기술이 임계점을 넘는 순간 세상을 바꾸는 제품이 나오는 것이다. 본질은 기술과 요구의 만남인 것이다. 요구의 흐름, 기술의 흐름을 볼 수 있다면 다가올 미래 세상을 예측하는 것이 가능해진다. 국가적 투자와 민간투자도 이러한 다가올 변화에 대응하는 것이 필요하다.

## 바뀌는 로봇의 정의와 스마트환경

2017년 CES 가전전시회에서는 새롭게 선보여진 신제품들이 화제였다. 바로, 이전의 CES에서 볼 수 없었던 무인 차와 IoT가 대세를 이룬 것이다. 그런데 이들이 로봇이냐 아니냐를 가지고 말들이 많다. 사실 로봇(Robot)의 정의는 애매하다. 센싱과 구동 그리고 지능을 지닌 기계라는 포괄적 의미와 2축 이상의 관절을 갖는 자동 기계라는 협의의 정의를 가진다. 이 정의에 따르면 무인 제품들은 두 로봇에 해당한다.

여기서 IoT 기기를 살펴보자. 이제 로봇과 사물인터넷의 경계는 움직임이 있느냐 없느냐를 떠났다. 모든 사물에 통신과 센싱 그리고 데이터 공유라는 기술이 적용되기 때문이다. 그렇다면 이러한 형태도 로봇이라고 부를 수 있을까?

이제 우리는 무엇이 로봇이고 무엇은 아니냐를 가르는 개념에서 벗어나야 한다. 물론 최종적으로는 영화 터미네이터가 보여주듯이 로봇은 모든 것(사람, 무기, 동물, 차량)이 될 수 있다. 그러나 그 개념을 떠나 도시 전체가, 아니 우리가 속해있는 환경 전체가 센서, 네트워크, 모션, 빅데이터, 인공지능, 인간과 상호작용하며 자동화되고 지능화될 것이다. 그러한 신개념의 환경을 스마트환경이라 칭할 수 있다. 그러므로 로봇이든 스마트환경이든 무인 기술이든 그 경계를 논하지 말자.

## 열리는 서비스 로봇 시대

로봇에 대한 인식은 사람마다 다르다. 그러나 일반적으로 사람들이 인식하는 이미지는 있다. 대부분 사람들은 어려서 보던 애니메이션과 영화 속의 로봇을 상상한다. 혹은 사람의 형상을 한 휴머노이드를 생각한다. 아니면 대화가 가능한 바퀴형 깡통 로봇이나 스타워즈의 R2D2를 떠올리기도 한다. 그러한 보편적인 이미지에 입각하여 만들어진 로봇이 바로 미국의 Unimate사가 최초로 실용화시켰으며 일본이 꽃피운 제조용 로봇이다. 그것은 다관절 암을 가지고 인간을 대신하여 단순조립, 용접, 핸들링 작업을 수행한다. 그러나 이제 산업 현장에 뛰어들었던 최초의 로봇 시대를 넘어, 우리 생활로 들어온 서비스 로봇의 시대가 열리고 있다.

서비스 로봇은 교육용 로봇, 청소용 로봇, 경비 안내 로봇 등을 예로 들 수 있다. 그 형태가 로봇이 아니더라도 이러한 이동 로봇들은 로봇으로 분류된다. 이와 더불어 등장한 무인기는 드론(DRONE)이라 불리는 무시무시한 무기 체계이다. 국방 살상을 떠나 이제는 민간 부문 촬영기, 농업용 살포, 감시경계 등 다양한 응용 분야로 발전하고 있으며 이것 역시 서비스 로봇으로서 우리 곁으로 다가온다. 또한 CES2017에서 보여주듯이 자동차 안에 편안히 앉아 차를 한잔 마시며 안전하게 이동하는 무인 차 시대가 곧 열릴 것으로 보인다. 어쩌면 사람이 매뉴얼로 운전하는 것은 위험하다며 법으로 금지될지도 모른다.

# 5장
# 우리는 어떻게 대비해야 하나

# 1
# IREX 2017을 다녀와서

### 전시회 소개

　IREX는 국제 로봇전[255]으로서 2년마다 개최되는 일본 최대의 로봇 전문 전시회이다. 2017년 열린 IREX 2017은 22회째 전시회로 도쿄 빅사이트 전시장에서 11/29~12/2까지 나흘간 열렸다. '로봇 혁명 시작됐다 - 인간에 친화적인 사회로'라는 주제로 열린 이번 전시회는 612개 기업 및 기관이 총 2,775 부스의 규모로 참여하여 역대 최대로 치러졌다. 특히 2017년 전시회에는 이전과 비교해 참여 기업 및 기관이 166개(893 부스) 증가했으며, 일본 외에 유럽과 중국 등 14개국에서 88개사(252 부스)가 출품하였다. 주최 측은 전시장을 각각 '제조용 로봇 존'과 '서비스 로봇 존'으로 꾸몄다. 제조용 로봇 존은 총 2,012 부스이며, 서비스 로봇 존은 533 부스로 구성됐다.

　제조용 로봇은 자동차·전자 부품에서 식품·의약품 등으로 품목이 확대되

---

255) International Robot EXhibition

었으며, 특화 기능을 갖춘 로봇과 협동 로봇 등도 다수 출품되었다. 서비스 로봇의 경우 재난대응 로봇에서 벗어나 간병 로봇, 농업용 로봇, 교육용 로봇 등을 다수 선보였다.[256]

## 기업 동향

2년에 한 번 열리는 일본 최대 국제 로봇 전시회라는 위상에 걸맞게 다수의 일본 로봇 기업들이 최신작을 통해 그들의 축적된 기술을 여실히 보여줬다. 전시장 곳곳은 새로운 로봇 자동화 기술을 보려는 참관객들로 그야말로 발 디딜 틈 없이 붐볐다.

일본의 대표적인 로봇 기업인 야스카와전기, 가와사키 중공업, 미쓰비시전기, 오므론 등은 제조용 로봇의 범주를 확대하는 데 애쓰고 있음을 알 수 있었다. 인공지능, 3차원 비전 시스템, 가상현실(VR), 협동 로봇, 안전 기술 등 첨단 기술이 제조용 로봇과 결합하면서 응용 범위가 더욱 확대될 수 있음을 보여주었다.

특히 가와사키는 19m/sec의 세계 최고속 수직 다관절 로봇을 선보였다. 그

---

256) http://www.irobotnews.com/news/articleView.html?idxno=12355

동작 모습을 보면[257] 그들이 고출력 모터 설계 기술, 동역학 제어 기술, 경량화 메커니즘 설계 기술 등 세계 최초의 제조용 로봇을 상용화한 50년 역사를 통해 축적된 정상급 실력을 갖추고 있음을 느낄 수 있다.

자동차 자동화공정의 일인자인 NACHI 또한 이에 뒤질세라 그들의 웅장한 차체 핸들링 로봇, 아크용접 로봇의 위용을 한껏 자랑하였다. 특히 여러 대의 로봇이 협업하며 조화롭게 작업하는 모습[258]은 그들의 로봇 동시 제어 능력이 세계 최고 수준임을 알 수 있게 하였다.

FANUC은 세계 최고의 CNC 제어기 회사답게 가장 넓은 부스를 차지하며, 카메라를 기반으로 고속으로 정렬하는 6축 델타 로봇, 이송적재 로봇, 실링 재료를 도포하는 로봇, 아크용접 로봇, 7축 도장용 로봇 등 CNC 가공 머신과 연계되어 동작하는 다양한 로봇 신제품들을 보여주었다. 특히 초당 1개씩 스폿 용접 하는 로봇의 시연 모습은 그들의 뛰어난 로봇 제어 능력을 충분히 보여주었다. 전통적인 제조용 로봇과 별도로 '녹색' 계열의 협동 로봇도 출품됐다. FANUC의 협동 로봇은 다른 기업들의 협동 로봇보다는 다소 투박해 보이지만, 근로자와 로봇이 안전 펜스 없이 한 공간에서 작업을 안정적으로 할 수 있음을 보여주었다. 마지막으로 초대형 로봇이 자동차를 번쩍 들어올려 핸들링하는 모습은 전체 전시장을 압도하는 느낌이었다.[259]

ABB의 최신형 양팔 로봇 Yumi의 작동 모습[260]을 보면, 적어도 제조용 조립공정에서는 이제 인간의 일자리가 없어지리라는 것을 예고하는 듯했다. ABB는 세계 최고의 자동화 엔지니어링 기업답게 차체 도장 로봇의 유연한 동작을 보여 주었는데, 이는 "Connected Atomizer"라는 자동 티칭 소프트웨어에 의해 수

---

[257] https://www.youtube.com/watch?v=XO0my9krQlw
[258] https://www.youtube.com/watch?v=ff9e5xxIPzs&t=280s
[259] https://www.youtube.com/watch?v=zpcFM8yWnlc&t=77s
[260] https://www.youtube.com/watch?v=85eZjnn-GcA&t=160s

행된다. 자동차 범퍼의 3D 도면을 기반으로 하여 자동으로 경로 계획이 티칭되고, 최적 경로로 부드럽게 동작하는 모습[261]은 참관객들의 탄성을 자아내기에 충분했다.

카와다(Kawada) 로보틱스의 휴머노이드형 양팔 로봇인 '넥스트에이지(Nextage)'도 주목을 받았다.[262] 카와다는 글로리, 히타치, THK 등 3개 업체와 제휴해 다양한 제조현장에 적용할 수 있는 협동 로봇 기술들을 소개했다. 이들 업체는 넥스트에이지 보급을 위한 파트너사로 '넥스트에이지 패밀리'를 결성해 이번 전시회에 참가했다. 이밖에도 하모닉 드라이브 등을 비롯한 로봇 부품 기업들은 그들이 로봇 산업의 기반을 확실하게 지탱하고 있음을 보여주었다.

## 기술 동향

로봇 응용 분야에서는 제조용 로봇의 협동 로봇 기술과 VR 기술이 접목된 Master-Slave 로봇 기술 등이 두드러졌다.[263] 한편 로봇의 미래 기술은 새로운 부품의 개발에 달려있는데, 현재에도 로봇 부품의 핵심인 감속기, 모터, 제어기, 센서 등에서 앞서 있는 일본은 이번 전시회에서 다양한 혁신 부품을 소개함으로써 로봇 강국으로서의 면모를 유감없이 보여주었다.

그중에서도 파나소닉의 로봇 부품이 가장 인상적이었다. 이번 전시회에서 파나소닉이 로봇 시대를 야심 차게 준비하고 있다는 느낌을 받았다. 특히 로봇 자율 이동에 필수적인 부품인 시야각을 넓힌 3차원 라이다(Lidar) 센서를 신제품으로 내놓았다는 점이 돋보였다.

한편 로봇은 모터와 센서에 전원을 공급하고 신호를 주고받기 위한 전기선

---

[261] https://www.youtube.com/watch?v=JaONgWFov_E&t=9s
[262] https://www.youtube.com/watch?v=qs_tgLZbTkA
[263] https://www.youtube.com/watch?v=aCemMC4-YgM

이 연결되어 있어야 하는데, 회전 관절에서 이러한 전기선이 꼬이게 되는 문제가 있다. 그에 대한 해결법으로 무선 방식을 개발하여 전기선을 없앤 로봇 관절 부품들도 눈길을 끌었다. 이번에 소개된 부품은 전원 제어 신호를 무선으로 연결하는 제품으로, 로봇 설계를 보다 다양하고 자유롭게 해준다.

소형 유압 부품 기술도 눈에 띈다. 유압은 전기모터에 비해 무게당 출력이 높다는 장점이 있으나 로봇에 적용하기에 적합한 크기의 부품이 없어 사용이 제한되어 왔다. 그러나 이번에 출시한 소형 유압모터, 탱크 및 서보 밸브 일체형 부품은 이러한 문제를 해결하여 다양한 로봇 제품에 유압 부품을 사용할 수 있게 하였다.

## 참관 후기

이번 국제 로봇전은 일본 로봇 산업의 역동성을 잘 보여주었다고 본다. 잃어버린 20년이라고 너스레를 떨지만, 아직도 세계 로봇 산업을 주도하고 있다는 그들의 자긍심이 느껴지는 전시회였다. 물론 정부의 역할도 크겠지만 전시회를 이끄는 것은 철저히 민간 기업이었다. 단순 보여주기식 기술이 아닌 4차 산업 혁명을 주도하는 제조 자동화 기술의 핵심을 보여주었다고 평할 수 있겠다.

이번 국제 로봇전을 통해 확인된 우리 대한민국과 일본의 로봇 기술 격차는 우리에게 다시금 큰 숙제를 던지고 있다. 그동안 10여 년 이상 로봇 산업에 막대한 자금을 투자했지만 이 기술의 격차는 좀처럼 좁혀지지 않았다. 그 원인과 대책을 찾아야 한다는 고민을 불러일으킨 전시회였다고 평가하고 싶다.[264]

---

[264] http://www.irobotnews.com/news/articleView.html?idxno=12374

# 2  인간과 경쟁하며 공존하는 로봇

로봇도 하나의 제품이므로 사용자는 구매하기 전에 가격과 성능 등 그것을 이용하기 전후의 이득을 비교한다. 이때 로봇은 사람을 대체하는 것이므로 사람의 인건비와 작업 수준이 구매 기준이 될 것이다. 로봇 기술의 발달과 가격의 하락은 지속적으로 이루어지는 반면 사람의 능력은 큰 변화가 없음에도 최저 인건비의 상승, 물가 상승 등에 연계되어 평균 인건비는 지속적으로 오르고 있다. 산업 전반에서 로봇 투자 비용이 사람 고용 비용보다 내려가는 역전 현상이 일어나고 있다. 여기에 고령화 및 저출산에 의한 노동력 부족은 로봇 도입을 더욱 가속할 것이다.

## 로봇 확산은 시장 논리

최근 세계적인 패스트푸드점 맥도날드는 최저시급이 15불이 되면 매점의 직원들을 로봇으로 교체하겠다고 공표하였다. 맥도날드의 주문 시스템은 이미 키

오스크(KIOSK) 형태로 자동화되고 있다. 앞으로는 주문 이외에 햄버거를 준비하는 공정에도 로봇이 도입될 것이다. 이는 소규모 식당에서도 마찬가지이다. 정해진 메뉴에 대한 단순 주문에 로봇이 사람보다 경제적이기 때문이다. 현재 단순한 디스플레이 정보를 제공하는 매장 수준 로봇은 음성인식 및 대화가 가능하고 동작 기술과 더불어 감정까지 교감할 수 있는 로봇의 형태로 발전할 것으로 예상한다.

인건비 상승과 인력 부족을 동시에 안고 있는 24시간 편의점에도 로봇 도입이 예상된다. 이미 아마존과 중국 등에서는 무인 판매점 도입이 시작되었다. 우선 손님은 적고 인건비가 높은 야간 시간에서부터 시작하겠지만 진열된 상품의 재고 파악, 보충 등이 가능한 물류 로봇이 상용화 수준이 된다면 24시간 전체를 로봇이 담당하게 될 것이다.

## 본국회귀(Reshoring)의 시작

중국은 자국의 값싼 노동력을 기반으로 2000년대 초반 세계 공장이라는 가치를 내세워 세계 각국의 제조공장 유치에 주력하였다. 그 결과 자동차, PC 등 모든 제조 분야에서 중국 내 생산이 급증하게 되었다. 그러나 이제는 중국의 인건비도 지속적으로 상승하여 물류비용 등을 포함한 총체적인 관점에서는 생산비용이 낮지 않은 수준이 되었다.

삼성전자가 중국에서 베트남으로 생산기지를 이전한 원인이 된 인건비 상승은 곧 베트남에서도 일어날 것이며, 머지않아 로봇에 의존하게 될 수밖에 없을 것이다. 동남아의 값싼 인건비를 대신할 수준의 로봇이 나온다면 인간노동자는 로봇으로 대체될 것이고, 그렇게 되면 생산기지를 해외에서 운영할 이유가 없어질 것이다. 생산기지의 해외 운영은 개발과 생산의 분리에 의한 생산성 감소와 자국의 일자리 감소에 의한 빈부격차 심화 등 사회적 부작용을 가져오기 때문이다.

이러한 현상은 이미 나타나고 있으며 아디다스의 스피드 팩토리가 단적인 예이다. 스피드 팩토리는 로봇에 의한 무인 생산 시스템 구축을 통해 1980년대 독일에서 동남아로 이전된 공장이 30년 만에 다시 독일로 돌아왔으며, 2017년도에는 거대 시장인 미국에도 공장을 신설할 계획이다.[265]

## 저가화

기존의 제조용 로봇은 고중량 작업물을 처리하고, 정밀·고속 작업이 가능하도록 제작되기에 자연스럽게 가격이 비싸졌다. 그러나 이러한 능력에 대한 수요는 전체 제조 공정의 10% 수준으로, 가벼운 물체에 대한 작업에 적절한 정도의 정밀도와 작업속도가 요구되는 공정도 많다. 이러한 수요를 대상으로 개발된 것이 유니버설 로봇이다. 유니버설 로봇은 다른 로봇에 비해 기능과 성능을 낮추면서 가격을 반값으로 낮추었다. 로봇에 사용되는 모터는 서보모터라 하여 작은 부피에도 큰 출력을 내는데, 그 가격은 최하 수십만 원대로 고가이다. 반면 대량생산되는 자동차에 쓰이는 모터는 수천 원대로 저가이다. 또한 구동모터는 고속으로 회전하는 반면 로봇 동작은 저속으로 움직이므로 고감속비를 갖는 감속기가 사용되는데, 이것은 적어도 50만 원을 상회한다. 이러한 로봇 부품의 가격은 대량화/저성능/저가격화 정책에 따라 앞으로 현재의 10분의 1 수준으로 낮아질 전망이다.

---

265) https://www.adidas.com/us/speedfactory

## 로봇과 공존하는 세상

미국의 로봇 전문가들은 2011년 미래에 로봇이 인간과 공존하는 시대가 도래할 것으로 전망하였다. 이러한 내용은 오바마 미 전 대통령에 의해 2011년 7월 국가 로봇 계획(NRI: National Robotics Initiative)으로 공표되었다. NRI는 로봇에 대한 미국의 비전과 철학을 담고 있다. NRI를 보면 미국이 제조, 우주 및 해양 탐험, 헬스케어 및 재활, 국방 및 안전, 건설 및 환경보호, 식량 생산·가공·판매, 삶의 질 향상, 안전운전 등 사회 전반의 영역에서 인간과 로봇이 함께하는 사회를 전망하고 이를 선도하기 위한 차세대 로봇 기술의 확보를 계획하고 있음을 알 수 있다. 이후 미국은 매년 3~5백억 규모의 R&D 예산을 지속적으로 투자하고 있다. 언젠가 기술이 쌓이고 규모를 이룰 때 그 파급력은 엄청날 것이다.[266]

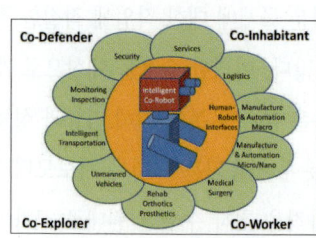 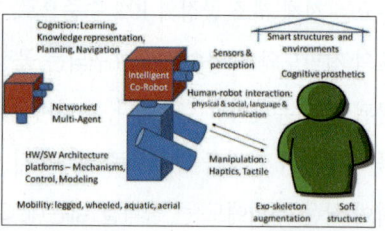

로봇이 사람과 공존할 때는 안전이 가장 우선되어야 한다. 제조현장에서 로봇을 사용하기 위해서 작업자 공간과 분리되는 펜스를 별도의 공간에 설치하는 등 안전 장치가 필요하다. 따라서 공간 소요와 안전 장치의 추가 외에도 기존 생산라인을 변경하는 등 비용과 시간 면에서 어려움이 있어 투자가 쉽지 않았다. 만약 작업자와 공간을 공유해도 안전한 로봇이 있다면, 여기에 작업에 대한 지능도 높아진다면, 기존 생산라인의 변경 없이 쉽게 로봇을 투입할 수 있다. 따라서 안전 로봇은 4차 산업혁명 시대의 유연 생산에 필수적인 수단이 된다.

안전한 로봇은 제조공장 이외에 서비스 로봇에 있어서도 필수적이다. 이동

---

266) https://www.nsf.gov/funding/pgm_summ.jsp?pims_id=503641

로봇이 작업할 때 발생할 수 있는 사람과의 충돌이 사전에 방지되어야 하며, 충돌이 발생할 경우에도 사람에게 상해를 입히지 않아야 한다. 이를 위한 국제적인 표준들이 만들어지고 있다.[267] 또한 기존의 로봇 부품을 활용하여 동작 속도, 충돌 감지 등을 보완하는 방법이 적용되고 있다. 근본적으로 새로운 방식으로 로봇 구동에 줄을 사용하는 텐덤(Tandem) 방식, 인공 근육 등 새로운 소프트 구동기를 갖는 소프트 로봇(Soft Robot) 기술에 대한 연구 개발[268]이 한창이다.

## 고령화 시대의 위기와 기회

200년 전 인류의 평균수명은 불과 40세였다. 이후 식량 기술, 의료·보건 기술의 발달로 수명이 지속적으로 늘어나 일본의 경우 평균수명이 이미 85세를 넘어섰다.[269] 우리나라도 일본과 20년의 격차를 두고 급속히 고령화가 진행되고 있다. 고령화 사회는 인류역사상 처음 있는 일로 우리가 아직 경험하지 못한 세상이다. 예를 들어, 고령자에 대한 간병 수요가 급격히 늘어나고 있으며 이에 따라 간병인 부족과 간병비용의 증가가 사회 문제로 대두되고 있다. 세계 최고의 고령 국가인 동시에 세계 최고의 제조용 로봇 기술을 보유하고 있는 일본은 로봇을 활용한 간병 산업은 물론, 인력 부족이 심각한 제조현장과 농업현장의 로봇 산업 활성화에 주력하고 있다. 로봇 간병은 고령 환자의 세수하기, 옷 입기, 식사하기, 화장실 가기 등 일상생활 지원은 물론 낙상 예방, 치매 환자 간병 등 그 응용 범위가 다양하다.

---

267) http://www.msdkr.com/news/articleView.html?idxno=895
268) https://en.wikipedia.org/wiki/Soft_robotics
269) http://www.gapminder.org/downloads/updated-gapminder-world-poster-2015/

# 3
# 신기술은 어떤 환경을 필요로 하나

## 로봇과 세탁기의 다른 점

로봇은 산업 전반에 걸쳐 적용할 수 있는 기반 기술이다. 또한 새롭게 만들어지고 쓰이게 될 제품이다. 새로운 제품의 도입에는 넘어야 할 산이 많은데, 제품을 사이에 두고 소비자와 개발자의 간극이 크기 때문이다. 예를 들어, 세탁기와 같은 제품은 소비자들이 이전에 이미 접해본 경험이 있어 제품에 대해 잘 알고 있고, 다음 제품을 구매할 때는 어떤 점을 고려해야 할지 알고 있다. 개발자의 입장에서는 시중에서 이미 사용되고 있는 제품이므로 소비자로부터 개선 요구사항의 수집을 통해 신제품 개발의 아이디어를 만들어 갈 수도 있다.

이에 반해 로봇은 대부분의 소비자와 개발자가 새롭게 접하게 되는 제품이라 대상 제품을 구체화하는 데 어려움이 있다. 소비자는 로봇 지식이 부족하고, 개발자는 영역 지식(Domain Knowledge)이 부족하다. 농업 분야의 로봇을 예로 들어보면, 우선 농부는 로봇이 무엇인지 어떤 용도가 있는지 잘 알지 못한다. 반면 로봇 개발자는 농업이 무엇인지 잘 모른다. 농사를 짓기 위해 어떤 작업을 거쳐야 하며 각각은 일 년 중 얼마나 필요하고 중요한지, 농부의 입장에서 그것이 얼마나 힘든 일인지를 알지 못한다. 가장 확실한 방법은 개발자가 직접 농사를 지어 보는 것일 테지만 현실적으로 불가능하다. 이것은 경찰을 위한 로봇, 국방 로봇, 건설 로봇, 간병 로봇 등 대부분의 로봇 제품 개발에 공통적으로 해당하는 문제이다. 예외적으로 국내에서 수술 로봇의 연구가 활발한 것은 의사들이 치료현장의 애로사항에 대해 직접 아이디어를 내거나, 로봇 연구자와 적극적으로 협력하였기에 가능했던 것이다. 이와 같이 로봇은 지금까지 없었던 새로운 제품이라는 특징을 갖고 있다.

## Know-how에서 Know-what의 시대로

로봇 기술개발과 산업 형성의 두 주체는 예산을 투입하는 관점에서 볼 때 정부와 기업이라 볼 수 있다. 정부는 R&D 지원을 통해, 기업은 신기술/신산업 투자를 통해 로봇 기술개발에 참여한다. 이들 주체의 지원과 투자에 문제는 없는가 살펴볼 필요가 있다. 우선, 기업의 경우 신규 사업을 결정하는 기준을 확실한 시장이 존재하는지 여부로 삼는다. 남들이 먼저 참여해서 어느 정도 시장이 만들어졌을 때 비로소 본격적인 투자 혹은 참여 여부가 검토된다. 미래에 대한 예측이나 근거가 불확실한 경우에는 의사결정이 쉽게 이루어지지 않는다. 특히 단기 실적이 중요한 임원들에게는 더욱 그럴 것이다. 로봇 분야와 같은 새로운 아이디어나 기술에 의한 신산업을 기업에서 시작하기는 어려운 것이 우리나라 비즈니스의 현실이다.

정부의 경우, 기업과 달리 투자에 대한 위험성(Risk)을 지고 신행 기술 투자가 가능하나, 여기에는 투자 방식에 문제가 있다. 정부 R&D 투자는 과제 기획에서 시작된다. 과제 기획은 기획위원을 통해 RFP[270]라는 형식으로 만들어진다. RFP에는 개발 대상인 제품과 그 기술, 주요 사양, 소요 예산 등이 담긴다. 이 양식은 1980년대에 만들어져 그동안 수차례의 개정을 거쳐 사용되어 오고 있다. 그동안 우리나라 산업발전에 기여하였으나 이제는 유효기간이 지난 것 같다. 지난 방식은 우리가 2등의 위치에서 1등을 따라잡을 때는 적절한 방식이었다. 개발해야 할 제품이나 기술이 분명했고, 이들을 구성하는 주요 기술이 개발되면 충분했다. 그때는 노하우(Know-how)가 부족했던 시기였다. 또한 1등 제품이 이미 알려져 있어 전문가로 구성된 기획위원들이 쉽게 작성할 수 있는 내용이었다.

그러나 이제 우리나라도 1등 제품을 연구 개발해야 하는 위치가 되었다. 어떻게 개발하느냐의 프레임에서 무엇을 개발하느냐의 프레임으로 바뀐 것이다. 이제부터 그 '무엇'을 찾아가고 그 '무엇'에 대한 아이디어를 구해야 한다. 그것은 RFP 양식에 구체적으로 맞춰서 다 담을 수가 없다. 따라서 구체적으로 개발해야 할 기술목표도 정할 수 없다. 사실 이것을 정하는 자체가 연구 개발인 셈이다. 그러므로 현재 우리나라 정부 R&D의 과제 기획 RFP로는 새로운 무엇을 기대하기 어렵다. 즉, 이미 알려진 제품과 기술을 목표로 하기 때문에 우리가 얻을 것이 적어진 상황이다. 다시 말해 새로운 기술을 개발했다고 해도 그것이 사업화로 이어진다고 보장하기 어렵다.

미국, 유럽, 일본 등 선진국에서는 우리와 완전히 다른 RFP 양식을 사용하고 있다. 우리나라의 RFP처럼 솔루션(Solution)을 미리 정하고 이를 개발하라는 노하우의 관점이 아니고 단지 문제 분야를 정해주고 솔루션에 대해 다양하게 제안하라는 노왓(Know-what)의 방식을 사용하고 있다. 이제 우리도 과거 산업발전을 이룬 방식에서 탈피하여 1등 제품을 찾기에 알맞은 새로운 옷으로 갈아입어야 한다.

---

270) Request for Proposal, 제안요청서

지금부터 로봇 기술의 강자인 미국과 이를 뒷받침하는 다르파(DARPA)라는 기관을 살펴봄으로써 우리가 따라야 할 모델로 삼고자 한다.

## 로봇 기술의 강자 미국 그리고 다르파(DARPA)

로봇은 제조용, 전문 서비스용, 그리고 개인 서비스용으로 구분된다. 제조용 로봇은 50여 년 전에 상용화되었고 최근에 전문 및 개인 서비스 로봇이 상용화되기 시작했다. 제조용 로봇은 미국에서 시작되었으며 1961년 GM 자동차 조립 라인에 설치된 Unimate 로봇이 그 시초이다.[271] 그럼에도 불구하고 제조 산업의 해외 이전 등과 맞물려 미국에서 꽃피지 못하고 제조 강국인 일본과 독일로 기술이 넘어갔다. 그러나 최근의 서비스용 로봇은 다시 미국이 주도하고 있다.

최근 서비스 분야에서 상용화된 대표적인 로봇 중 수술 로봇, 국방 로봇, 가정용 청소 로봇 등은 모두 미국에서 개발된 제품들이다. 그리고 모두 공통적으로 다르파(DARPA)[272]의 R&D 과제에서 시작되었다. 1990년대 초, 전쟁터의 부상병에 대해 후방에 있는 의사가 원격으로 대응하기 위한 원격 수술 로봇은 10년에 걸쳐 개발되었다. 이후 개발팀을 주축으로 벤처회사를 설립하고 FDA 승인을 거쳐 상용화를 시도하였고 현재는 2.5조 원 규모의 기업인 인튜이티브 서지컬 사로 성장하였다. 최근의 과제는 2015년도에 개최된 DRC[273]로, 이것은 재난현장에서 사용하기 위한 로봇 기술을 한 단계 끌어올렸다. 이러한 상용화 실적은 우리가 다르파의 R&D 시스템을 눈여겨봐야 하는 이유일 것이다.

---

271) https://en.wikipedia.org/wiki/Unimate
272) 미방위고등연구기획국(Defense Advanced Research Projects Agency)
273) DARPA Robotics Challenge

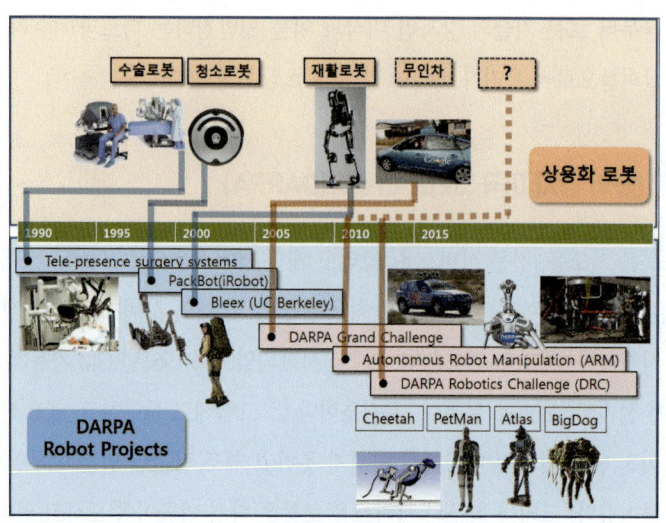

## 세계 기술 혁신을 이끄는 연구기관 다르파(DARPA)

1957년 러시아가 세계 최초로 인공위성 스푸트니크를 발사하였다. 이를 보고 놀란 미국이 깊은 반성을 통해 이듬해에 만든 연구 관리 기관이 오늘날의 다르파(DARPA)이다. 다르파는 인터넷, GPS, 시리(Siri)의 전신인 음성 대화 기술, 레이더(Radar) 등 셀 수 없이 많은 기술 혁신 성과를 낸 연구기관이다. 다르파의 연구 방식에는 우리나라 정부 R&D는 물론 산업계에서도 벤치마킹(Benchmarking)할 내용이 있을 것이다.

다르파는 실용화와 순수 기술의 축을 기준으로 개발 기술을 보어(Bohr), 에디슨(Edison), 파스퇴르(Pasteur)의 3개 유형으로 구분하고 있다. 보어형은 실용화를 고려하지 않고 지적 호기심을 발현·탐구하는 유형이고, 에디슨형은 과학적 현상의 일반적 이해에 대한 탐구 없이 실용화를 추구하는 개발 유형이다. 그리고 파스퇴르형은 지식 기초와 실용화를 모두 고려하는 연구 개발 유형이다.

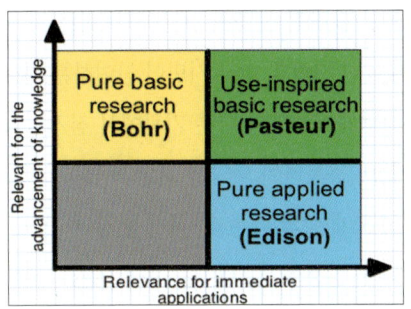

다르파는 이 중 파스퇴르형 영역의 연구 개발 과제를 추진하고 있다. 즉, 기초 기술과 실용화를 동시에 추구하는 고난도 기술에 투자함으로써 혁신적인 기술을 탄생시키는 것이다.[274]

다르파의 이러한 개발 전략이 어떻게 구체화되어 결과를 낳고 있는지 살펴보기로 한다. 첫째로 다양한 아이디어로 경쟁이 가능한 연구 방식을 들 수 있다. 풀리지 않은 문제를 제시하여, 다양한 아이디어를 가진 연구자들에게 도전의 기회가 주어지는 경쟁적 R&D 방식인 위대한 도전(Grand Challenge)이 그 예이다. 이러한 연구 방식은 나폴레옹 시대에 시작되었다. 1795년, 나폴레옹은 식량을 장기 보존할 수 있는 기술에 상금을 걸었다. 15년 후에 유리병에서 끓인 후 왁스로 밀봉하는 기술과 오늘날의 통조림 기술이 개발되었다. 최근의 사례로는 무인 자동차 기술개발에 대한 Grand Challenge와 Robotics Challenge가 있다.

미 의회는 2015년까지 지상군 병력의 1/3을 자동화한다는 궁극적인 목표를 향한 로봇 개발을 촉진하기 위해 다르파에 첫 번째 그랜드 챌린지 상금(1백만 달러)을 승인하였다. 2004년 행사 후, 다르파의 국장인 토니 테더 박사(Dr. Tony Tether)는 2005년 10월 9일로 예정된 그다음 행사의 상금을 2백만 달러로 올린다고 발표하였다. 2007년 시가지 경주 어반 챌린지(Urban Challenge)의 1, 2, 3등은 각각 2백만

---

[274] KEIT K-Tech Global R&D Forum, 2014.5.22.

달러, 1백만 달러, 50만 달러의 상금을 받았다. 대회는 전 세계에서 참가 팀을 모집하되, 팀별로 최소 한 사람의 미국 시민이 참여하는 것을 조건으로 삼았다. 고등학교, 대학교, 사업체, 그 밖의 다른 기관에서 참가팀이 구성되었다. 첫해에는 100개 이상의 팀이 등록하여 다양한 기술적 능력을 선보였다. 두 번째 해에는 195개 팀이 미국 36개 주와 다른 4개국에서 참여하였다. 이를 통해 축적된 기술과 연구인력이 최근 상용화가 거론되는 무인 자동차의 기반이 되었다.

한편 후쿠시마 원전사고에서 교훈을 얻은 다르파는 세계 최강의 재난대응 로봇인 DRC를 기획하기도 하였다. 우리나라의 RFP가 솔루션 제시를 통해 한 팀만 선정하여 연구하도록 하는 방식과는 전혀 다르다. 이미 주어진 내용에 대한 연구로는 새로운 기술 혁신이 나오기 어려울 것이다.

그렇다면 어떻게 도전적인 과제를 찾는가가 문제이다. 다르파에서 두 번째로 배울 점은 사람 중심의 과제 운영이다. 도전과제를 찾는 역할을 하는 PM이 존재하는데, 이 PM의 선발 및 운영에 다르파의 핵심이 있다. PM의 자격에는 국내외, 산학 등 조건 제한이 없다. 단지 그 사람의 비전(Vision)만이 선발기준이다. 또한 PM은 철저한 4년 단임제이다. 과제의 기획이 PM에게 전적으로 달려 있는데, 그 기여는 1회로 충분하다. 계속 새로운 기획이 이루어지기 위해서는 사람이 바뀌어야 하는 것이다. 새로운 아이디어에 대한 의사결정 구조도 단순하고 신속하다. PM의 상관이 직접 결정하는 것이다. 우리처럼 검토위원회, 검증위원회 등 다단계의 의사결정을 거치지 않는다.[275]

이렇게 기획된 과제의 진행에서도 배울 점이 있다. 포브스(Forbes)지의 한 기사는 다르파의 놀라운 성공 공식으로 하일마이어 교리문답(Heilmeier Catechism)을 거론하고 있다. 하일마이어는 LCD를 개발한 전자공학자로 1970년대 다르파의 전설적인 과제 관리자(Program Manager)이다. 하일마이어 교리문답은 그가 만든 과제제안서

---

275) https://www.lut.fi/documents/27578/270534/playbook-darpas-lessons-for-industry-a4.pdf/2f834c77-a987-4a35-b7f7-9917788dc1f3

의 9가지 질문을 일컫는다.

하일마이어는 다음 표에 수록한 질문에 따라 2~3페이지로 정리된 과제제안서를 통해 과제지원 여부를 판단하였는데, 이는 수백억 규모의 대형과제의 경우에도 예외는 아니다. 이 내용은 현재까지도 사용되고 있으며 실제 다르파의 과제 계획서를 보면 하일마이어 교리문답의 문구가 그대로 쓰이고 있다.

우리가 사용하는 과제 계획서 양식을 보면 과제 개요, 개발목표, 연차별 연구내용, 사업화 계획, 참여 조직 및 인원, 예산 등 하일마이어 교리문답과 비슷한 내용으로 구성되어 있어 일견 별 차이가 없어 보인다. 그런데 놀라운 점은 수백 페이지 분량으로 작성된 우리나라의 과제 계획서 안에는 표 속에 등장한 간단한 질문에 답할 수 있는 내용이 별로 없다는 점이다. '과제 개요'와 '무엇을 하려고 하는가?'라는 질문에는 큰 차이가 있다. 개요에서 무엇을 정리할지는 연구자마다 제각기인 반면 단순히 무엇을 하려는가에 대한 답은 분명하다. 또한 검토자의 입장에서도 연구자의 개발내용을 보다 확실히 파악할 수 있을 것이다.

> 하일마이어 교리문답
> What are you trying to do? Articulate your objectives using absolutely no jargon. (무엇을 개발하려고 하는가? 전문용어를 사용하지 말고 기술하시오.)
> How is it done today, and what are the limits of current practice? (현재에는 어떻게 하고 있으며 현재 기술의 한계는 무엇인가?)
> What's new in your approach and why do you think it will be successful? (당신의 방법에 새로운 것은 무엇이며, 그것이 왜 성공할 것이라 생각하는가?)
> Who cares? If you're successful, what difference will it make? (누구에게 도움이 되는가? 성공할 경우 무엇이 달라지는가?)
> What are the risks and the payoffs? (위험과 고비는 무엇인가?)
> How much will it cost? How long will it take? (개발 예산과 기간은?)
> What are the midterm and final "exams" to check for success? (성공을 점검하기 위한 중간 및 최종 시험 방법은?)

'개발목표'와 '당신의 방법에 새로운 것은 무엇이며, 그것이 왜 성공할 것이라 생각하는가?'에도 큰 차이가 있다. '개발목표'는 단순히 목표로 하는 것이 무엇인지와 같이 결과 위주로 기술하게 되어있다. 반면 후자는 과정 및 연구 전략을 묻고 있다. 우리의 과제 계획서는 과제가 성공할지 실패할지 판단하기 어렵다.[276]

## 어디에 돈을 써야 하나?

R&D 과제는 기획과 관리의 과정으로 이루어진다. 우리나라의 경우 주로 관리에 중점을 두며, 기획에 변화를 가져온 것은 10년 전에 도입된 PD(Program Director) 혹은 PM(Program Manager)제도이다. 위원회 형식이라는 책임 소재가 불분명한 시스템에서 PD 또는 PM을 통해 과제 기획의 책임자가 정해진 것이다. 그러나 아직 보완되어야 할 부분이 많다. 예를 들어, 분야 별로 일정하지는 않지만 EU는 과제 기획/관리 책임자에 PD를 기술적으로 지원하는 전문가 조직을 운영하고 있다. 1인 체제로 운영되는 우리나라와는 차이가 크다.

농부가 농사를 잘 짓기 위해서는 좋은 씨앗과 농사법이 필요하며 좋은 씨앗은 다음 농사를 위해 남겨둔다. 즉, 씨를 파종하는 순간 그 씨앗에 의해 수확이 결정되는 것이다. R&D도 마찬가지이다. 우선 좋은 과제가 기획되어야 열심히 연구해도 성과가 기대될 것이다. 좋은 연구과제 선정, 즉 과제 기획이 중요한 만큼 이 부분에 자원이 투입되어야 하는 것은 당연해 보인다. 우리는 과제 기획 및 관리에 과제 예산의 3~4% 정도가 투입되나 대부분 과제 관리에 사용된다. 그리고 과제 기획에 들어가는 예산은 0.5%에도 못 미치는 실정이다. 이 또한 과거의 방식에서 벗어나지 못한 부분이다. 그 당시 과제 기획이란 전문가들

---

276) http://www.forbes.com/sites/tedgreenwald/2013/02/15/secrets-of-darpas-innovationmachine/#1692d5daed8b

에게는 이미 알려진 내용을 정리하면 충분하여 추가적인 비용이 필요하지 않았기 때문이다. 투입되는 예산에 따른 성과를 올리기 위해서는 지금보다 과제 기획에 10배 이상의 예산지원이 있어야 할 것이다.

## 전 산업의 로봇화

로봇 기술은 인간을 모델로 삼아 인간의 수준에 도달하는 기계를 만들어가는 것이다. 현재 로봇은 사람과 비교할 때 유아 혹은 어린아이 수준에도 못 미치는 요원한 수준이다. 그럼에도 로봇이 쓰이는 이유는 로봇만의 강점이 있기 때문이다. 힘들고 따분하고 위험하고 정밀한 작업, 그야말로 기계적인 일에서는 로봇이 이미 사람의 능력을 넘어섰다. 제조공장, 우주 및 해저 탐험, 국방 등에서 로봇이 쓰이는 이유다. 이러한 분야에서는 비싸고 단순해도 로봇을 사용할 수밖에 없다. 기하급수적인 하드웨어의 발전과 지속적인 인공지능의 발전으로 인해 이제 로봇의 몸값은 점점 낮아지고 로봇의 지능은 점차 높아지고 있다. 그리하여 로봇이 하나둘씩 인간의 직업을 대체하고 있다.

4차 산업혁명의 정의에 대해 의견이 분분하나, 산업혁명의 기본은 인간 대체 기술의 탄생이라 할 수 있다. 증기기관과 전기는 인간의 육체노동을 대신하였고, 컴퓨터와 인터넷은 정신노동을 대신하였다. 즉, 힘과 계산 능력에서 사람을 능가하는 무언가가 탄생하면서 많은 분야에서 인간의 직업이 대체된 흐름, 이를 1, 2, 3차 산업혁명이라 부른다. 여기까지도 기계 수준에 머물렀던 기술은 인공지능의 발달과 함께 인간의 DNA를 갖게 되어 은행원, 의사, 변호사, 기자, 운전사 등 거의 모든 분야에 영향을 미치고 있다. 이를 우리는 4차 산업혁명이라 말한다.

인공지능과 로봇 기술이 만나면서 그 파급 효과는 더욱 혁명적으로 커질 것이다. 제조 산업뿐 아니라 전 산업이 로봇화될 것이다. 로봇 기술의 보유 여부가 제조경쟁력을 넘어 전 산업의 경쟁력, 나아가 국방력 등 한 국가의 경쟁력과 직결될 것이다. 더 나아가서 대부분의 서비스 관련 직업이 로봇으로 대체되어 새로운 일자리를 만들어 내야 하는 등 사회 구조가 뿌리째 흔들릴 것이다. 이에 대비하는 사회제도의 변화도 필요하다. 이미 유럽 등 여러 국가에서는 본격적인 논의가 진행되고 있다.

로봇의 키워드는 자율성(Autonomous)이다. 모든 사물이 연결되는 IoT(Internet of Things) 세상 다음에는 모든 사물이 자율성을 갖는 IoRT(Internet of Robotic Things) 세상이 올 것이다. 무인 자동차, 무인 농기계, 무인기 등 사람의 조작에서 벗어나 자율적으로 동작하는 기계들이 계속해서 나타나게 될 것이다.

1등만 살아남는 IT 산업계에서 글로벌 기업들은 이미 이러한 로봇의 흐름을 읽고 인력과 기술에 투자하며 미래에 다가올 지능 로봇 시대에서 독점을 할 준비를 하고 있다. 이러한 기술경쟁에서 뒤처진다면 우리에게 남겨질 땅은 조금도 없다. 로봇 기술을 차지한 신생 스타트업만이 또 하나의 마이크로소프트, 구글, 페이스북이 되어 다가올 신시장을 독차지할 것이다.

# 4 맺으며…

## 기술 논리

로봇 개발자들이 가장 듣기 힘들어하는 말이 있다. "이거 어디에 쓸 거야? 누가 쓸 수 있는 거지?" 그렇다. 취미로 만들어 보는 로봇이 아니라면 투자자를 만족시켜야 한다. 분명한 것은 시장의 반응은 둘째 치고라도 쓸 만해야 한다는 것이다. 그저 신기하다, 잘 만들었다는 정도로 끝난다면 쇼윈도의 마네킹을 만든 것과 같다. 그런 로봇은 무대 위의 연기자와 같다. 마치 터미네이터의 액션 히어로가 영화 속에서는 멋지게 악당을 물리치지만 실제 상황에서는 아무 힘도 쓸 수 없는 것과 같다. 그러한 배우 같은 로봇을 개발해서는 안 된다. 물론 초기에는 그러한 시제품이 필요하다. 일종의 콘셉트카와 같은 효과를 내려는 의도에서 말이다. 세월호에서 많은 아이가 물속에 잠겼을 때, 왜 로봇을 투입하지 못한 걸까? 6년 전 후쿠시마 원전이 녹아내릴 때, 왜 일본이 그토록 자랑하던 재난대응 로봇들은 전혀 제구실을 못 했던 걸까? 미국의 지능형 보안 로봇들은 최근 일어난 라스베이거스 무차별 총격 사건의 테러범을 어째서 사전에 인지하지 못한 걸까? 이 모든 것이 일반인의 기대감과 현실 로봇의 차이를 극명하게 보여준다. 로봇 개발자들은 변명하듯 말한다. 아직 현재의 로봇 기술이 일반인의 기대 수준에 이르지 못하였다고 말이다. 그렇다면 언제까지 로봇 개발자들은 장밋빛 환상만을 대중들에게 심어야 할까? 이제는 4차 산업혁명 시대이고 인공지능이 이세돌을 이기는 시대가 되었다. 기술은 난제를 돌파하고, 인간이 오랫동안 꿈꾸던 비전을 달성하도록 개발되어야 한다.

## 기획 논리

70년대 초 인간이 달에 착륙하면서 우리는 도전을 통해 과학에 대한 비전을 가질 수 있었다. 당시 달착륙이라는 과제가 주어졌듯이 로봇 개발자들에게도 목표가 분명한 도전과제가 주어져야 한다. 그리고 달착륙 과정에서 로켓이 폭파되고 인명이 손실되는 것과 같이 성공과 실패의 구분이 뚜렷한 과제가 수립되어야 한다. 이것이 로봇 과제 기획자가 가져야 할 자세이다. 지난 10년간 많은 국가 R&D 과제가 기획되고, 막대한 국가 R&D 예산이 투입되었다. 그러나 많은 사람은 의문을 갖는다. 그래서 도대체 무엇이 달라졌단 말인가? 다른 나라에 비해 어떠한 기술적 비교우위를 갖게 되었는가? 다른 나라에서 부러워할 만한 서비스가 이루어졌는가? 아니면 산업이 번창하여 국민에게 먹거리를 제공하였는가? 뭇매를 맞을 지경으로 답답한 발전 속도를 보여주고 있는 것이 우리나라 로봇계가 처한 현실이다. 과제는 실패할 수도 성공할 수도 있는 것이다. R&D 과제는 더욱 그러하다. 그러나 R&D 과제의 성패를 가늠할 수 없을 정도로 목표가 모호하고 미션 수행 여부가 불분명한 과제는 첫 단계부터 실패가 예고되는 기획의 산물이다.

## 경쟁 논리

로봇이 다른 기술과 확연히 다른 점은 모든 기술이 하나의 과제를 해결하기 위해 융합된다는 것이다. 그러한 점에서 한 명의 연구자보다는 다수의 연구자가 모여 연구개발하는 협업 시스템이 필요하다. 하나의 연구기관이 아닌 여러 전문 연구소와의 협력도 필요하다. 때로는 기업도 참여하여 새로운 기술에 대한 도전을 함께하는 공동연구도 필요하다. 문제는 왜 이러한 협업이 미국에서는 잘되고 우리나라에서는 잘 안 되는가 하는 점이다. 근본적으로 우리의 경쟁 풍토와 배척문화가 협업을 가로막는 주요 원인이라고 본다. 폐쇄성과 나만이 할 수 있다는 자만도 반성해야 한다. 주어진 문제를 같이 고민하며, 서로 아이디어를 주고 더해나가는 집단지능적 협업문화가 우리에게 정착되어야 도전과제를 성공적으로 수행할 수 있는 분위기가 조성될 것이다.

## 시장 논리

로봇 개발자들이 듣기 힘들어하는 말이 또 있다. "이거 어디에 팔 거야? 돈이 되기는 해?" 그렇다. 투자자에게 투자금 회수를 시켜줘야 한다. 그렇다면 무조건 시장 논리로만 로봇을 개발해야 할까? 당연히 돈이 되고 시장이 큰 로봇은 개발만 되면 소위 대박을 칠 수 있다. 그런 로봇들은 정부가 손을 놓아도 대기업이 앞다투어 개발할 것이다. 그렇다면 시장이 협소하지만 꼭 필요한 로봇은 누가 개발해야 할까? 예를 들면 후쿠시마 원전 해체 로봇과 같은 로봇은 국민 안전을 위해 꼭 필요하다. 그렇지만 해체 로봇의 수요는 그다지 많지 않다. 이런 로봇들은 분명 공공성을 갖는다. 그러므로 이런 로봇의 개발이야말로 국가 연구소의 몫이라 생각한다. 또한 시장 수요는 없지만 이제 막 초기 단계에 있는 로봇들도 있다. 의료 로봇의 경우가 단적인 예이다. 의료 로봇은 인간의 생명을 다루는 로봇이기에 넘어야 할 산도 많다. 이렇게 오랜 기간 비용이 들고 극복해야 할 난관이 많은 분야 역시 시장 논리보다는 공공의 논리가 필요하다.

## 예측 논리

지금까지 로봇의 현주소, 그리고 미래를 살펴보았다. 남들이 잘하는 것을 보면 때로는 배가 아프지만, 우리는 냉정하게 그들의 성공 요인을 분석해야 한다. 우리의 실패는 뼈가 시리도록 아프지만 그 역시 반성하고 원인을 분석해야 한다. 분명 로봇 개발자가 꿈꾸는 세상은 곧 우리에게 다가온다. 어쩌면 이는 로봇 개발자들만의 몫은 아니다. 우리는 사회를 바꾸고 세상을 바꿀 새로운 시대가 열리는 길목에 서 있다. 그저 남이 잘되는 것만 부러워하고 스스로 잘못된 길을 가면서 아무런 성찰도 하지 않는다면 우리는 그 문을 열고 들어설 자격도 없다. 보다 냉정하게 현실을 직시해야 한다. 그리고 끊임없이 다가올 미래를 준비해야 한다. 그래야 미래로 가는 문고리를 잡을 자격이 주어진다.[277]

## 새로운 로봇 산업 육성 전략을 짜야

연구자들과 국가 R&D 정책 수립자들, 그리고 벤처기업 및 대기업의 주력 산업 책임자들이 모두 힘을 합해 새로운 국가적 로봇 산업 육성 전략 및 비전을 수립해야 한다. 케네디 대통령이 취임 직후 인간을 달에 보내겠다는 비전을 수립하고 그 꿈을 달성했듯이, 앞으로 20년 이내에 인간과 생활하는 지능형 로봇 생산 1등 국가의 비전을 수립하고 한 걸음 한 걸음 준비하고 실현하는 전략을 수립해야 한다. 이제 로봇 산업은 하나의 산업을 넘어 국가경쟁력 그 자체가 될 것이기 때문이다.

---

277) http://www.irobotnews.com/news/articleView.html?idxno=12331

## 로봇은 따뜻한 사회로 가는 길목

　로봇과 관련된 윤리적 문제도 생각해보아야 할 때이다. 인간의 발명품이 인류를 위협한 예는 어디서든 찾아볼 수 있다. 자동차 사고가 그렇고, 화석 연료의 과다사용으로 인한 지구 환경파괴가 그렇지 않은가. 로봇 또한 어떻게 만드느냐에 따라 인류의 적이 될 수도 친구가 될 수도 있다. 발명자의 의도와 관계없이 로봇이 인류를 공격할 가능성은 거의 없다. 생명현상과 뇌 활동의 실체를 파헤치지 않는 한, 앞으로 100년 내에도 기술적으로 불가능하다고 본다. 현재 위험성은 그렇게 설계하고 제작한 개발자의 의도에 달린 것이다. 따라서 과학문명이 발달할수록 로봇화된 인간이 로봇과 함께 살면서, 인간답게 사는 것이 무엇인가 하는 윤리적·자아 성찰적 문제를 더욱 고찰하고 발전시켜야 할 것이다. 정보통신 시대에 아프리카 지역과 같이 낙후된 지역이 많듯이, 지능 로봇 시대에도 세계는 더욱 불안정해지고 인간의 삶은 더욱 피폐해질 수 있다. 이제 로봇은 단순한 제품 혹은 먹고사는 산업을 넘어 인류애적 역할을 해야 한다. 성장제일주의가 아닌 인간의 삶을 풍요롭게 하고 따뜻하고 살기 좋은 인간사회를 만드는 데 로봇 기술이 쓰여야 한다.

# 4차 산업혁명
## 로봇 산업의 미래

| | |
|---|---|
| **발 행 일** | 2019년 1월 1일 초판 1쇄 인쇄 |
| | 2019년 1월 10일 초판 1쇄 발행 |
| **공 저 자** | 고경철·박현섭·황정훈·조규남 |
| **발 행 처** |   |
| | http://www.crownbook.com |
| **발 행 인** | 이상원 |
| **신고번호** | 제 300-2007-143호 |
| **주 소** | 서울시 종로구 율곡로13길 21 |
| **대표전화** | 02) 745-0311~3 |
| **팩 스** | 02) 766-3000 |
| **홈페이지** | www.crownbook.com |
| **I S B N** | 978-89-406-3607-7 / 13560 |

**특별판매정가 22,000원**

이 도서의 판권은 크라운출판사에 있으며, 수록된 내용은 무단으로 복제, 변형하여 사용할 수 없습니다.
Copyright CROWN, ⓒ 2019 Printed in Korea

이 도서의 문의를 편집부(02-6430-7012)로 연락주시면 친절하게 응답해 드립니다.

## 4사 신 언 어 론
## 로봇 신 어 의 미 래

발 행 일 : 2010년 4월 15일 초판 1쇄 인쇄
2010년 4월 10일 초판 1쇄 발행

저 자 : 이정훈, 박성남, 윤덕근, 주기남

발 행 인 : 이상원

신고번호 : 제 300-2007-143호

주 소 : 서울시 종로구 율곡로13길

대표전화 : (02) 745-0311~3

팩 스 : (02) 766-3000

홈페이지 : www.crownbook.com

ISBN 978-89-406-3607-7 / 13550

특별판매가 12,000원

이 도서의 판권은 크라운출판사에 있으며,
저작권법에 의해 보호받는 저작물이므로
Copyright CROWN-2010 Printed in Korea

이 책의 내용 일부 또는 전부를 저자의 동의없이
복제하거나 변형하여 사용할 수 없습니다.